T0131547

essentials

essentials liefern aktuelles Wissen in konzentrierter Form. Die Essenz dessen, worauf es als „State-of-the-Art" in der gegenwärtigen Fachdiskussion oder in der Praxis ankommt. *essentials* informieren schnell, unkompliziert und verständlich

- als Einführung in ein aktuelles Thema aus Ihrem Fachgebiet
- als Einstieg in ein für Sie noch unbekanntes Themenfeld
- als Einblick, um zum Thema mitreden zu können

Die Bücher in elektronischer und gedruckter Form bringen das Expertenwissen von Springer-Fachautoren kompakt zur Darstellung. Sie sind besonders für die Nutzung als eBook auf Tablet-PCs, eBook-Readern und Smartphones geeignet. *essentials:* Wissensbausteine aus den Wirtschafts-, Sozial- und Geisteswissenschaften, aus Technik und Naturwissenschaften sowie aus Medizin, Psychologie und Gesundheitsberufen. Von renommierten Autoren aller Springer-Verlagsmarken.

Weitere Bände in der Reihe http://www.springer.com/series/13088

Thomas Oeser

Kristallstrukturanalyse durch Röntgenbeugung

Spektroskopiekurs kompakt

 Springer Spektrum

Thomas Oeser
Organisch-Chemisches Institut
Universität Heidelberg
Heidelberg, Deutschland

ISSN 2197-6708   ISSN 2197-6716   (electronic)
essentials
ISBN 978-3-658-25438-4   ISBN 978-3-658-25439-1   (eBook)
https://doi.org/10.1007/978-3-658-25439-1

Die Deutsche Nationalbibliothek verzeichnet diese Publikation in der Deutschen Nationalbibliografie; detaillierte bibliografische Daten sind im Internet über http://dnb.d-nb.de abrufbar.

Springer Spektrum
© Springer Fachmedien Wiesbaden GmbH, ein Teil von Springer Nature 2019

Springer Spektrum ist ein Imprint der eingetragenen Gesellschaft Springer Fachmedien Wiesbaden GmbH und ist ein Teil von Springer Nature
Die Anschrift der Gesellschaft ist: Abraham-Lincoln-Str. 46, 65189 Wiesbaden, Germany

Was Sie in diesem *essential* finden können

Dieses *essential* gehört zu einer Reihe mit kompakten und dennoch umfassenden Beschreibungen der wichtigsten Methoden chemischer Analytik. Studierenden der Chemie im Bachelor-/Master- oder Grundstudium sowie verwandter Disziplinen und Ausbildungen wird die Methodik der Einkristall-Röntgenstrukturanalytik vermittelt.

Gleich zu Beginn werden Anwendungsbereiche dieser analytischen Methode aufgezeigt. Anschließend wird ein Bogen über theoretische Grundlagen wie charakteristische Röntgenstrahlung, Beugung am Kristallgitter, Interferenz, Netzebenen, reziprokes Gitter, Symmetrie, Strukturlösung, Strukturverfeinerung bis hin zur Präsentation der praktischen Ergebnissen in Form unterschiedlicher Molekülmodelle und Tabellen verschiedenster geometrischer und kristallografischer Daten gespannt.

Hinweise auf weiterführende Literatur runden den vorliegenden Band ab.

Vorwort

Die Grundlagen spektroskopischer Methoden sowie die Interpretationstechniken für damit generierte Spektren bilden einen wichtigen Baustein des Bachelor-Studienganges der Chemie sowie verwandter Studiengänge.

Das umfasst gemeinhin die Kernspinresonanzspektroskopie (nuclear magnetic resonance, NMR), die Massenspektrometrie (mass spectrometry, MS) und oftmals auch deren Kopplung mit Gas- (gas chromatography, GC) und Flüssigchromatografie (liquid chromatography, LC).

Natürlich gehört die Infrarotspektroskopie (infrared, IR), die Spektroskopie mit ultraviolettem (ultraviolet, UV) und sichtbarem (visible, Vis) Licht sowie die Fluoreszenzspektroskopie (fluorescence spectroscopy) ebenfalls zum spektroskopischen Grundwissen.

Außerdem wird in diesem Kontext auch die Kristallstrukturanalyse (X-ray crystallography) behandelt, welche die Beugung von Röntgenstrahlung beim Durchgang durch Kristalle nutzt.

An vielen Universitäten, so auch an der Universität Heidelberg, wird die moderne instrumentelle Analytik in Form eines „Spektroskopiekurses" vermittelt. Dieser ist integraler Bestandteil des Bachelor- beziehungsweise des Grundstudiums. Gleich wie diese Lehrveranstaltung an Ihrer Universität nun benannt wird, ob sie wie bei uns als Blockveranstaltung oder über ein Semester verteilt gelehrt wird, dürfte ein kompakter, leicht verständlicher Begleittext zu den einzelnen Themen hilfreich sein.

Mit „Kristallstrukturanalyse durch Röntgenbeugung – Spektroskopiekurs kompakt" ist ein sehr preiswertes schnell durchzuarbeitendes Büchlein entstanden, das einerseits den Umfang üblicher Skripte deutlich übersteigt, andererseits aber das Wichtigste in Kürze zusammenträgt und mit Verweisen auf weiterführende Literatur und vollumfängliche Werke zur Kristallstrukturanalyse den Weg in diesen Teil der Analytik eröffnet.

Der vorliegende *essentials*-Band stellt die theoretischen Grundlagen zur Kristallstrukturanalyse so kompakt wie möglich vor und erhebt keinerlei Anspruch darauf jedes Detail zu behandeln. Vielmehr liegt der Schwerpunkt eindeutig auf dem Praxisbezug. Dem Lernenden soll die Möglichkeit eröffnet werden alle Ergebnisse einer Kristallstrukturuntersuchung zu verstehen und im Detail interpretieren zu können.

Weitere Bücher der Reihe sind als „Springer *essentials*" erhältlich: „UV/Vis- und Fluoreszenzspektroskopie – Spektroskopiekurs kompakt" von Florian Hinderer und „Massenspektrometrie – Spektroskopiekurs kompakt" von Jürgen H. Gross. Bitte beachten Sie dazu auch die Hinweise auf der letzten Seite dieses Bandes.

Für Kristallstrukturanalysen wie auch in der NMR- und MS-Analytik werden in der Regel analytische Servicelabore betrieben. Unabhängig davon, ob man ein Gerät selbst bedient oder eine Probe zur Analyse an Spezialisten übergibt, sind solide Grundkenntnisse der betreffenden spektroskopischen Methode unabdingbar. Auch gilt es, die produzierten Molekülmodelle und Tabellen korrekt zu interpretieren.

Um ein Thema mithilfe der Reihe „Spektroskopiekurs kompakt" zur erarbeiten, sollten Sie bereits Kenntnisse über den Atombau, die chemische Bindung sowie die Grundlagen der Physikalischen Chemie besitzen.

Nun wünsche ich Ihnen viel Erfolg bei den ersten Schritten mit der Kristallstrukturanalyse.

Inhaltsverzeichnis

Einleitung

1

Verlässliche Erkenntnisse über den molekularen Aufbau von Verbindungen sind für Chemiker von zentraler Bedeutung für eine erfolgreiche wissenschaftliche Tätigkeit. Damit können nicht nur die Ergebnisse experimenteller Laborarbeit überprüft, sondern neuartige oder unerwartete Reaktionen und daraus gebildete Moleküle aufgeklärt werden. Die aus Strukturanalysen gewonnenen Erkenntnisse ermöglichen eine effektivere Syntheseplanung und führen somit auch zu einem ressourcenschonenden Chemikalieneinsatz.

© Springer Fachmedien Wiesbaden GmbH, ein Teil von Springer Nature 2019
T. Oeser, *Kristallstrukturanalyse durch Röntgenbeugung,* essentials,
https://doi.org/10.1007/978-3-658-25439-1_1

Methoden der Röntgenanalytik

2

Beim Durchgang durch Kristalle wird Röntgenstrahlung elastisch gestreut. Das führt zu einer **Beugung** (englisch: *diffraction*) der elektromagnetischen Strahlung an den Elektronen der Atome. Die **Kristallstrukturanalyse** *(X-ray crystallography)*, auch Röntgendiffraktometrie genannt, beruht auf der Auswertung der bei Messungen erzeugten Beugungsbilder.

▶ Röntgenstrahlung wird an Elektronen beziehungsweise den Elektronenhüllen von Atomen gebeugt. Die Auswertung dieser Beugungen beziehungsweise Reflexionen bei geordnet kristallisierten Festkörpern bezeichnet man als Kristallstrukturanalyse.

Je nach Art des verwendeten Kristallmaterials und der analytischen Fragestellung kommen verschiedene Methoden zur Anwendung. Außer Beugungsexperimenten kommen auch **Röntgenabsorptions-** und **Röntgenfluoreszenzmethoden** zum Einsatz, von denen im Folgenden eine kleine Auswahl vorgestellt wird.

Für den angehenden Chemiker ist die **Einkristalldiffraktometrie** *(X-ray diffraction, XRD)* von allen Röntgenmethoden die mit Abstand wichtigste Methode und auch die Erste, die er während der praktischen Ausbildung nutzen wird. Sie bildet daher den Schwerpunkt des vorliegenden Buches. Wie der Name nahelegt, werden hier einzelne kristalline Festkörper, die eine periodische Ordnung ihrer Strukturbausteine aufweisen, untersucht. Deren dreidimensionale Strukturen werden mit hoher Auflösung bestimmt.

Industriell wird die **Pulverdiffraktometrie** *(X-ray powder diffraction, XRPD)* häufig verwendet. Dabei werden **Diffraktogramme** von polykristallinen Proben erstellt, wobei Diffraktogramme grafische Aufzeichungen eines Beugungsexperiments darstellen. Ein experimentell ermitteltes sowie ein simuliertes Pulverdiffraktogramm wird in der Abbildung Abb. 2.1 gezeigt.

© Springer Fachmedien Wiesbaden GmbH, ein Teil von Springer Nature 2019
T. Oeser, *Kristallstrukturanalyse durch Röntgenbeugung,* essentials,
https://doi.org/10.1007/978-3-658-25439-1_2

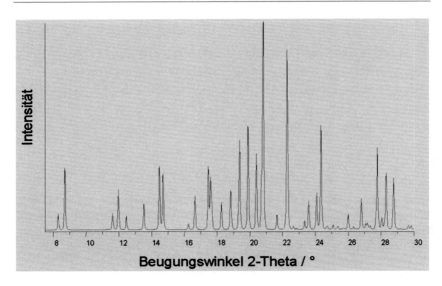

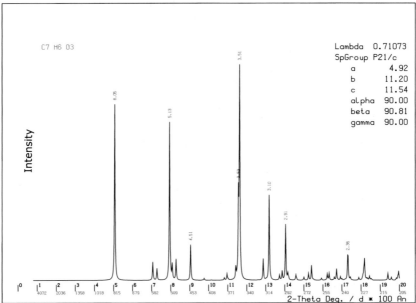

Abb. 2.1 Oberes Bild: gemessenes Diffraktogramm von Natriumbromid (Cu-K$_\alpha$-Strahlung). Unteres Bild: simuliertes Pulverspektrum von Salicylsäure. (Erzeugt durch das Programm Platon, Spek 2011)

Normalerweise werden aus zahlreichen Einkristallen zusammengesetzte Pulver untersucht, deren Einzelkristalle in ungeordneter Form zueinander vorliegen. Hierzu wird in der Regel monochromatische Cu-K_α-Strahlung verwendet. Damit kann die Zusammensetzung von Proben wie beispielsweise der Anteil der jeweiligen Metalle in Legierungen analysiert werden. Zusätzlich können auch Aussagen über die Phasenreinheit von Verbindungen getroffen werden.

Die **Röntgenfluoreszenzspektroskopie** (*X-ray fluorescence spectroscopy, XRF*) ist eine häufig eingesetzte Methode zur Materialanalytik basierend auf der Röntgenfluoreszenz. Sie findet umfassenden industriellen Einsatz bei der Untersuchung von Baustoffen, Gläsern oder Mineralölprodukten zwecks Qualitätskontrolle.

Die *XRF* zählt zur **Röntgenemissionsspektroskopie** *(X-ray emission spectroscopy, XES)* und beruht auf dem photoelektrischen Effekt. Bei diesem Verfahren wird im Analyten durch Zufuhr von Energie in Form von polychromatischer Röntgenstrahlung ein kernnahes Elektron entfernt. Damit befindet sich das Atom in einem angeregten Zustand. Es stabilisiert sich durch Wiederbesetzung der entstandenen „Lücke" mit Elektronen aus höheren Schalen. Bei diesem Vorgang wird Energie in Form von Fluoreszenzstrahlung emittiert.

Bei der **Röntgenabsorptionsspektroskopie** *(X-ray absorption spectroscopy, XAS)* strahlt man hochenergetische Röntgenstrahlung variabler Wellenlängen ein und erhält entsprechend der Anzahl verschiedener unbesetzter Energieniveaus Absorptionskanten. Die Methode ist besonders bei nicht-kristallinen Materialien zur Aufklärung von Raumstruktur und Dynamik in der Umgebung eines betrachteten Atoms geeignet.

Photoelektronen werden bei der **Röntgenphotoeektronenspektroskopie** *(X-ray photelectron spectroscopy, XPS)* durch Röntgenstrahlung aus dem Festkörper gelöst und deren kinetische Energie und die Bindungsenergie gemessen. Dies erlaubt eine zerstörungsfreie Untersuchung der Element-Zusammensetzung von Festkörpern und deren Oberflächen. Die Methode ist geeignet, um das Verhältnis der einzelnen in Mineralien vorkommenden Elemente zueinander zu bestimmen.

2.1 Anwendungsbeispiele der Kristallstrukturanalyse

Analytische Methode zur Strukturaufklärung Die Kristallstrukturanalyse ermöglicht die eindeutige Bestimmung der dreidimensionalen Molekülstruktur. In den Anfangszeiten gelang mit der Methode die Bestimmung von Atomgrößen, der Längen und Typen von chemischen Bindungen sowie die Erkennung der atomaren Unterschiede von Mineralien und Metalllegierungen.

Nach Fortschritten in der Methodik und apparativen Verbesserungen konnten
die Strukturen von Bio- sowie Makromolekülen wie Insulin (Crowfoot Hodgkin
1935), Phthalocyanin (Robertson 1936), Penicillin (Crowfoot et al 1949), beide
siehe Abb. 2.2, die Faltblatt-Struktur von Peptiden (Corey 1951), ebenso deren
α-Helix-Struktur (Kendrew 1958), der Aufbau von Nukleinsäuren (Wilkins 1953)
und Vitamin B12 (Cyanocobalamin, Hodgkin et al 1959) sowie das Enzym Lyso-
zym (Johnson und Phillips 1965) erfolgreich bestimmt werden.

Wesentliche mechanistische Erkenntnisse brachte die kristallografische Aufklärung der dreidimensionalen Struktur des Photosynthese-Reaktionszentrums in
Zellmembranen des Purpurbakteriums *Rhodopseudomonas viridis* durch Deisenhofer et al. (Deisenhofer et al 1985) (Nobelpreis für Chemie 1988).

Für den heute im Laboratorium tätigen Chemiker ist die Kristallstrukturanalyse eine elegante Methode, relativ schnell detaillierte Informationen über den
Molekülaufbau zu erhalten – sei es als Strukturbeweis, um überhaupt erst Informationen über die tatsächlich bei einer Synthese entstandenen Produkte zu erhalten,
oder um mit den exakten Ergebnissen den weiteren Reaktionsverlauf zu planen.

Strukturuntersuchungen zum Verfolgen von Reaktionsschritten Topochemische
Untersuchung der photochemischen Dimerisierungen von α- und β-Zimtsäure
(Eanes Donnay 1959). Je nach paralleler oder anti-paralleler Anordnung
der Substituenten an einer Doppelbindung im Festkörper bilden sich nach
Bestrahlung unterschiedliche Dimere Abb. 2.3.

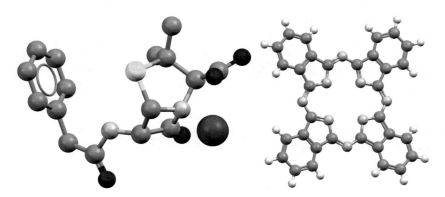

Abb. 2.2 Mittels Kristallstrukturanalyse bestimmte Strukturen von Kaliumbenzyl-
penicillin (linke Abbildung; aus Gründen der Übersichtlichkeit wurden die Wasserstoffatome nicht abgebildet) und von Phthalocyanin (rechte Abbildung). (Mercury 2014)

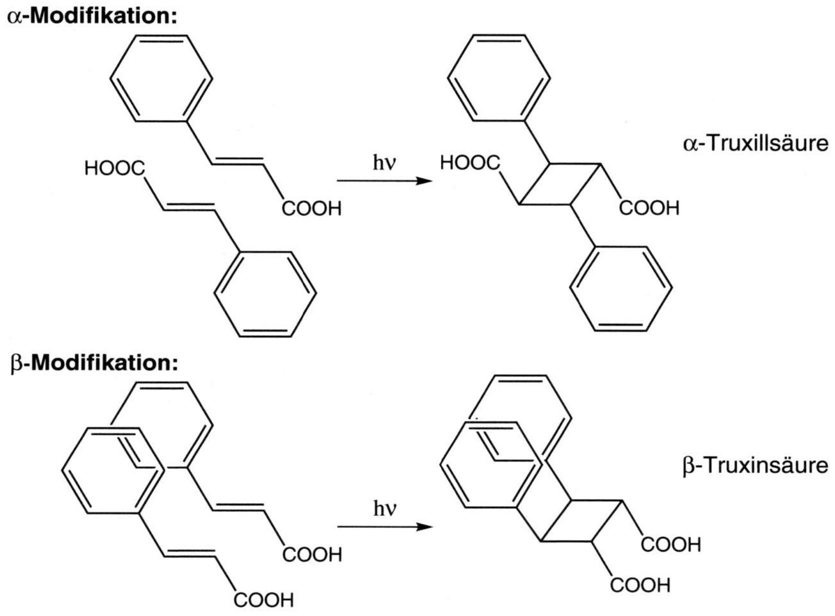

α-Modifikation:

α-Truxillsäure

β-Modifikation:

β-Truxinsäure

Abb. 2.3   Photodimerisierung verschiedener trans-Zimtsäuremodifikationen im Festkörper

▶ *(E)*-Zimtsäure *(trans*-3-Phenylacrylsäure) kommt in der Natur in Harzen vor und ist ein Bestandteil der Zimtrinde, neben Zimtaldehyd (75 %) und Eugenol (2 %). Sie besitzt einen leicht aromatischen Geruch. Intensiver nach Zimt riecht jedoch der Zimtaldehyd, welcher an der Luft zu Zimtsäure oxidiert.

▶ **Wichtig**
Von **Topochemie** spricht man, wenn Reaktionen an oder in festen Stoffen ablaufen.
   Topochemische Reaktionen gibt es auch bei Festphasen-Poly-merisationen, bei Matrix Reaktionen, in denen die Reaktanden selbst eine feste Matrix bilden oder wenn sie in festen Matrizen eingebettet sind, bei Korrosionsvorgängen, beim Abbinden von Zement und Gips sowie bei manchen katalytischen Vorgängen.

Weitere Studien erfolgten zur Organischen Elektronik, zu Organischen Transistoren oder zu Organic Light-Emitting Diodes **(OLEDs)** (Anthony 2006). Gegenstand hierbei sind elektronische Schaltungen, die elektrisch leitfähige Polymere oder makromolekulare organische Verbindungen verwenden.

Pharmazeutika Entwicklung Kristallstrukturuntersuchungen werden bei der Wirkstoffentwicklung, bei der Aufklärung von Struktur-Wirkungs-Beziehungen und der Untersuchung von Metabolisierungen sowie zur Bestimmung absoluter Konfigurationen eingesetzt. Dabei können wichtige Erkenntnisse gewonnen werden, um anschließend mit gezielten Variationen der Wirkstoffe Produktoptimierungen herbeizuführen.

Farbstoffentwicklung Bei der Analyse vorhandener Farbstoffe wird deren Aufbau exakt bestimmt. Damit ist man in der Lage durch spezifische strukturabhängige Variationen verschiedene Farben oder Nuancen bestimmter Farben zu realisieren. Ein Anwendungsbeispiel stellt die Vielzahl der Lacke bei der Automobilproduktion dar.

Startstrukturen für Molecular Modeling Die aus Kristallstrukturanalysen erhaltenen Molekülstrukturen können konvertiert werden, um als „Startstrukturen" für das computerunterstützte Modellieren chemischer Moleküle **(Molecular Modeling)** zu dienen. Durch den Einsatz mittels XRD präzise bestimmter Ausgangsmoleküle erreichen die Modellierungstechniken eine verbesserte Vorhersagequalität für die Reaktionsprodukte.

Tieftemperaturexperimente/Differenzdichtebestimmungen Spezielle hoch aufgelöste Kristallstrukturbestimmungen bei tiefen Temperaturen (≤ 270 K) ermöglichen die „Sichtbarmachung" von Bindungselektronendichten. Hiermit können gebogene Bindungen *(„bent bonds")* in gespannten Ringsystemen wie beispielsweise Cyclopropanderivaten visualisiert werden. Auch an Fullerenderivaten wurden bereits Differenzdichtebestimmungen vorgenommen (Irngartinger 1999).

2.2   Einkristall-Röntgenstrukturanalyse

2.2.1   Welche Spezies werden untersucht?

Bei der Kristallstrukturanalyse werden **Einkristalle** im Größenbereich von ca. 0,01 mm bis 0,7 mm Kantenlänge verwendet.

Abb. 2.4 Ausschnitt eines
Kristalls: die Elementarzelle
im Translationsgitter

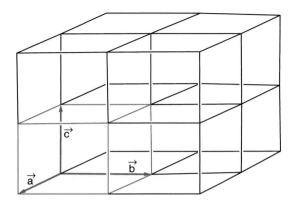

Einkristalle sind aus Atomen, Molekülen oder Ionen aufgebaute Festkörper mit periodischer Ordnung, die sich einheitlich über den gesamten Kristall erstreckt. Die Atome bestehen vereinfacht dargestellt aus Atomkernen und Elektronen. Letztere werden bei der Kristallstrukturanalyse untersucht.

Die kleinste sich wiederholende Einheit im Kristall bildet die sogenannte **Elementarzelle** (grüner Bereich in Abb. 2.4). Die Elementarzelle wird durch die Gittervektoren $\vec{a}$, $\vec{b}$ und $\vec{c}$, die sogenannten **Basisvektoren,** beschrieben. Damit kann man sich den Kristallaufbau durch Kopieren beziehungsweise Vervielfältigen dieses Motivs in jeder Raumrichtung vorstellen. Dabei entsteht ein homogenes Gitter, mit Fernordnung in allen Raumrichtungen, das als **Translationsgitter** bezeichnet wird. Der Aufbau einer Elementarzelle wird später im Kapitel zu den Kristallsystemen (Abschn. 2.3.1) ausführlich behandelt.

Aus wie vielen Elementarzellen besteht nun ein durchschnittlicher Kristall? Gehen wir bei den Basisvektoren von einer Länge von 10 Å aus, das sind 10^{-9} m. Bei einer Kristallgröße (Kantenlänge) von 0,1 mm, beziehungsweise 10^{-4} m, wären das in einer Richtung 10^5 Elementarzellen. Da wir uns jedoch im dreidimensionalen Raum bewegen, besteht ein solcher Kristall aus $(10^5)^3 = 10^{15}$ oder einer Billiarde Elementarzellen.

2.2.2 Charakteristische Röntgenstrahlung

Da wir Informationen über Atome respektive Elektronen erzielen möchten, müssen wir eine elektromagnetische Strahlung verwenden, deren Wellenlänge in der Größenordnung von Atomabständen liegt, also bei ungefähr 50 bis 230 pm, beziehungsweise im Bereich von ca. 1 Å (1 Å = 10^{-10} m). Dieser Wellenlängenbereich wird von der Röntgenstrahlung abgedeckt.

Für die Entdeckung der Röntgenstrahlung, die er damals als X-Strahlen bezeichnete, erhielt der deutsche Physiker Wilhelm Conrad Röntgen (1845–1923) im Jahr 1901 den Nobelpreis für Physik (Röntgen 1898). Im Englischen heißen die Röntgenstrahlen auch heute noch „X-Rays".

Röntgenstrahlung kann in einer Röntgenröhre, das ist eine Elektronenstrahlröhre in einem evakuierten Kolben aus Glas oder Keramik, generiert werden. Deren schematischer Aufbau ist in Abb. 2.5 dargestellt.

Da zur Erzeugung von geeigneter Röntgenstrahlung Spannungen in Höhe von 20.000 bis 60.000 V und Stromstärken von 30 bis 50 mA erforderlich sind, benötigt man eine aufwendige Geräteausrüstung bestehend aus Hochspannungsgenerator, Röntgenröhre, abgeschirmtem Strahlenschutzgehäuse sowie einer effektiven Kühlvorrichtung.

Fragen
1. Berechnen Sie die Leistung (in Watt) einer durchschnittlichen Röntgenröhre, die mit 50 kV und 30 mA betrieben wird.
2. Die Fläche von Anoden in Röntgenröhren beträgt ca. 0.04×8 mm^2. Welche Folgen könnte das Auftreffen der Elektronen auf die Anode bei hoher Spannung ohne gleichzeitige Kühlung derselben haben?

In der Elektronenröhre werden von der Kathode Elektronen durch Heizen emittiert und als fokussierter Strahl im Hochvakuum zur Anode beschleunigt. In diese

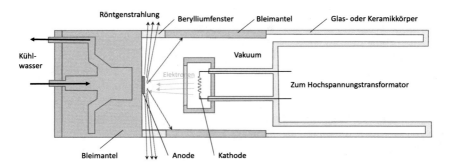

Abb. 2.5 Schematischer Querschnitt durch eine Röntgenröhre. Durch Heizen treten an der Kathode Elektronen aus (glühelektrischer Effekt), die durch Hochspannung im Vakuum zur Anode hin beschleunigt werden und dort zur Emission von Röntgenstrahlung führen. Die dabei entstehende, unerwünschte Hitze wird durch Kühlung mit Wasser abgeführt. Ein Bleimantel verhindert das Austreten der Röntgenstrahlung. Nur die im Bleimantel eingelassenen Berylliumfenster sind für die Röntgenstrahlung durchlässig

dringen sie ein, werden durch Coulomb-Wechselwirkungen mit den positiv geladenen Atomkernen sowie den Elektronen der Hülle abgebremst und erzeugen Bremsstrahlung mit kontinuierlicher Intensitätsverteilung. Zusätzlich entsteht aber auch die zur Strukturanalyse verwendete „**charakteristische Röntgenstrahlung**". Materialien wie Molybdän, Kupfer, Silber und neuerdings flüssiges Gallium kommen als Anodenmaterialien zum Einsatz. Durch das verwendete Anodenmaterial wird die Wellenlänge der charakteristischen Röntgenstrahlung bestimmt. In Tab. 2.1 sind die charakteristischen Wellenlängen der verwendeten Anodenmaterialien gelistet.

Neben der hauptsächlich verwendeten K_α-Strahlung entsteht auch K_β Strahlung, die in Relation zur K_α-Strahlung eine geringere Intensität besitzt. Sie wird bei den Messungen mithilfe angepasster Metallfolien zumeist herausgefiltert. Die darüber hinaus entstehende Bremsstrahlung ist im Gegensatz zur charakteristischen Röntgenstrahlung nicht vom Anodenmaterial abhängig, sondern von der Höhe der Beschleunigungsspannung.

Moderne Röntgenquellen

Bei modernen Röntgenquellen, wie beispielsweise den Incoatec IμS-Microfocus® Strahlungsquellen, sind aufgrund der im Innenraum der Quelle verwendeten fokussierenden Multilayer-Optik nur ein Bruchteil der Spannung und Stromstärke von herkömmlichen Röntgenröhren notwendig, um sogar eine höhere Netto-Röntgenquantenausbeute zu erzielen. Hierbei ist zudem eine vergleichsweise einfache und wartungsarme Luftkühlung ausreichend.

Diskrete oder Charakteristische Röntgenstrahlung Die in Röntgenröhren beschleunigten energiereichen Elektronen schlagen Elektronen aus den innersten Schalen der Atome des Anodenmaterials heraus (**Ionisierung**, siehe Schalenmodell

Tab. 2.1 Charakteristische Wellenlängen K_α ausgewählter Anodenmaterialien	$K_{\alpha 1}$ (Å)	$K_{\alpha 2}$ (Å)	K_α gewichtetes Mittel (Å)
Mo	0,70930	0,71359	0,71073
Ga	1,34008	1,34399	1,34138
Cu	1,54056	1,54439	1,54178
Fe	1,93597	1,93991	1,93728
Ag	0,55941	0,56380	0,05609
W	0,20901	0,21383	0,21062

Entnommen aus NSRDS-NBS 14, J. A. Bearden, The John Hopkins University, Baltimore, Maryland, USA (1967)

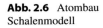

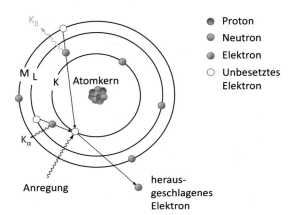

in Abb. 2.6). Beim nachfolgenden Wiederauffüllen der entstandenen Lücken mit Elektronen aus höheren beziehungsweise äußeren Schalen **(Relaxation)** wird Energie in Form von Röntgenstrahlung freigesetzt. Die Energiedifferenz zwischen der höheren (L-) Schale und der niedrigeren (K-) Schale ist elementspezifisch und wird als „**charakteristische Röntgenstrahlung**" bezeichnet.

Die K-Schale hat die Hauptquantenzahl $n = 1$, entsprechend hat die L-Schale $n = 2$ und die M-Schale $n = 3$. Zur Berechnung der Energiedifferenz (ΔE) zwischen der L- und K-Schale wird der Index α verwendet (K_α), für die Bestimmung von ΔE zwischen M- und K-Schale wird der Index β verwendet (K_β). Nach den Bohr'schen Postulaten entspricht die beim Übergang eines Elektrons zwischen den Schalen emittierte Energie der Differenz *(ΔE)* zwischen den beiden Zuständen.

Bohr'sche Postulate
1. Elektronen umlaufen den Atomkern nur in bestimmten stationären Zuständen. Auf diesen „Umlaufbahnen" bewegen sich die Elektronen, ohne elektromagnetische Strahlung zu emittieren.
2. Ein Atom emittiert dann ein Quant elektromagnetischer Strahlung (Photon), wenn ein Elektron von einer Schale in die andere springt. Die Energie des Übergangs entspricht der Frequenz ν der Strahlung multipliziert mit dem Planck'schen Wirkungsquantum ($\Delta E = h \cdot \nu$).
3. Der Bahndrehimpuls L des Elektrons auf einer stationären Bahn beträgt ein ganzzahliges Vielfaches von $h/2\pi$, wobei h dem Planck'schen Wirkungsquantum ($6{,}626 \cdot 10^{-34}$ Js) entspricht.

2.2.3 Einkristalldiffraktometer

Über die Entstehung von Röntgenstrahlung sowie die hierfür verwendeten Röntgenquellen haben wir im vorangegangenen Kapitel bereits einiges erfahren. Als Einkristalldiffraktometer werden Geräte bezeichnet, in denen sowohl Röntgenstrahlung mithilfe eines eingebauten Hochspannungsgenerators erzeugt wird als auch die Messung eines Einkristalls erfolgt.

Der Messaufbau innerhalb eines Diffraktometers wird in der Abb. 2.7 bildlich dargestellt. Im Zentrum der Messvorrichtung befindet sich das Goniometer mit einem kreisrunden Tisch und einer Vorrichtung, auf deren Spitze ein Kristall montiert werden kann. Ein Bildausschnitt dieses Goniometerkopfes wird im separaten Bild Abb. 2.8 gezeigt.

Die Quelle der Röntgenstrahlung ist in der Abb. 2.7 auf der rechten Seite als graue senkrecht montierte Box zu erkennen. Von dort wird die Strahlung über einen Monochromator sowie einen Kollimator auf die zu untersuchende Probe geleitet. Der Goniometerkopf stellt hierfür ein Präzisionsmontagehilfsmittel dar, das es erlaubt einen Kristall exakt im Zentrum der ankommenden Röntgenstrahlung zu positionieren.

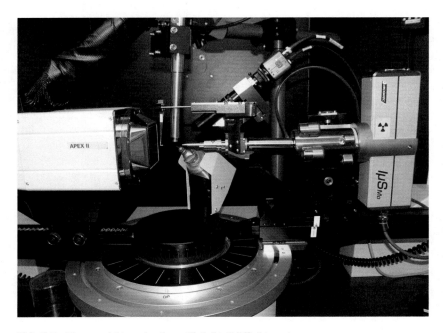

Abb. 2.7 Messvorrichtung in einem Einkristalldiffraktometer

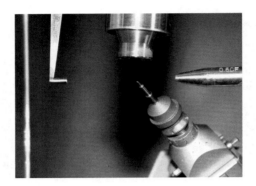

Abb. 2.8 Goniometerkopf mit montiertem Kristall. Zusätzlich zu sehen ist der Strahlengang der Röntgenstrahlung von rechts aus dem Kollimator, der exakt auf die Position des Kristalls zentriert ist und weiter auf die linke Seite bis zum Hauptstrahlfänger verläuft. Oben im Bild ist die Austrittsöffnung für eine Vorlagenkühlung zu sehen, die mit einem Stickstoff-Kaltgasstrom arbeitet

Das Goniometer wiederum ermöglicht, mithilfe mehrerer „beweglicher Kreise", einen Kristall in verschiedensten Orientierungen relativ zur Röntgenstrahlung zu positionieren. Eine CCD-Kamera mit einer für Röntgenquanten empfindlichen Detektionsschicht ist auf der linken Seite zu sehen. Hiermit werden die entstehenden Röntgenreflexe aufgenommen. Um den detektierbaren Bereich gebeugter Strahlung zu vergrößern, kann die Kamera mithilfe eines beweglichen Arms positioniert werden.

Von oben in der Abbildung ragt ein Metallrohr in Richtung des Kristalls. Dieses gehört zu einer Kühlanlage, die in der Lage ist flüssigen Stickstoff zu verdampfen, und mit dem entstehenden kalten Stickstoffgas die Kristallprobe auf einen wählbaren Temperaturbereich zwischen ca. $-196\,°C$ bis Raumtemperatur zu kühlen.

Außerdem ist im Hintergrund der Abb. 2.7 als diagonaler Aufbau eine Videokamera zu erkennen, mit deren Hilfe es ermöglicht wird, den Kristall exakt im Röntgenstrahl zu justieren.

2.2.4 Beugung und Interferenz

Nachdem wir einiges zum Messaufbau und zur Entstehung von Röntgenstrahlung gelesen haben, interessiert uns nun die Interaktion der Strahlung mit dem zu untersuchenden Kristallmaterial. Um die Wechselwirkung von Röntgenstrahlung mit Elektronen zu verstehen, hilft uns eine modellhafte Vorstellung dieser Vorgänge. Je nach Element und Molekülzusammensetzung bildet eine unterschiedliche Anzahl von Elektronen mit ebenfalls verschiedenen Aufenthaltswahrscheinlichkeiten ein bestimmtes einzigartiges und molekülspezifisches Beugungsmuster. Dieses entsteht, indem ein kleiner Teil der Röntgenstrahlung, der durch einen Kristall geleitet wird, durch **Beugung** (englisch „diffraction") an den Elektronen der Atome abgelenkt wird.

Erinnern wir uns an einen Schulversuch im Physikunterricht, in dem sichtbares Licht aus einer Lichtquelle, beispielsweise einer Taschenlampe, durch eine feine Lochblende geleitet wird. Auf einem dahinter im weiteren Strahlengang montierten Schirm beobachtet man nicht nur den direkt durch das Loch geleiteten Lichtkegel, sondern außen um diesen herum noch einen diffusen Streulichtbereich, der eine viel größere Breite aufweist als es dem Bündel des linear durchgeleiteten Lichtstrahls entspricht. Dieser Streulichtbereich entsteht durch Beugung an den Kanten der Spaltöffnung. Dieser Effekt folgt dem **Huygens'schen Prinzip,** welches besagt, dass jeder Punkt einer beliebig geformten Wellenfront als Ausgangspunkt einer neuen Welle, der sogenannten Elementarwelle, betrachtet werden kann, die sich mit gleicher Phasengeschwindigkeit und Frequenz wie die ursprüngliche Wellenfront ausbreitet. Die neue Lage der Wellenfront ergibt sich durch Überlagerung (Superposition) sämtlicher Elementarwellen.

Bleiben wir noch einen Augenblick bei unserem Modellversuch. Fügt man in die verwendete Lochblende noch weitere Bohrungen beziehungsweise eine Spalte ein, dann überlappen sich die gebeugten Lichtwellen zu einem komplexen Muster; man spricht von einem Interferenzmuster. Zur Verdeutlichung ist dieser Effekt in der Abb. 2.9 am Beispiel von zwei Beugungszentren gezeigt, bei dem bereits mehrere Beugungsmaxima entstehen.

Da Einkristalle regelmäßig aufgebaut sind und sich damit auch die Lage der vorhandenen Elektronen im Translationsgitter regelmäßig wiederholt, können wir unser Lichtwellen-Lochblende-Beugungsmodell auf unser Röntgenstrahlung-Kristall-Modell übertragen. Durch den dreidimensionalen Kristallaufbau und die Vielzahl der Elektronen als Beugungszentren, entsteht jedoch ein sehr komplexes Beugungsmuster.

Für eine erfolgreiche Analyse wird monochromatische Strahlung mit einer definierten Wellenlänge λ benötigt, die wir, wie im vorangegangenen Kapitel beschrieben, durch Auswahl eines bestimmten Anodenmaterials und entsprechende Filtermaßnahmen erhalten.

Wie entsteht Interferenz? Die Erklärung der Beugung ist recht einfach, wenn man annimmt, dass von jedem Gitterpunkt gleichzeitig eine kugelförmige Streuwelle derselben Wellenlänge ausgeht. In Abhängigkeit vom Beugungswinkel α tritt

Abb. 2.9 Beugung
am Doppelspalt. Durch
Überlagerung der an
zwei Zentren gebeugten
Strahlungsanteile
einer Ebenen-Welle
entstehen mehrere
unterschiedlich hohe
Strahlungsmaxima an den
Überlagerungsbereichen

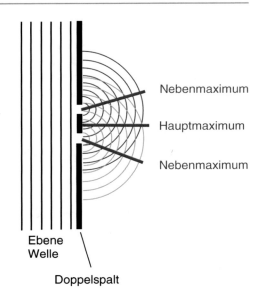

Interferenz auf. Beträgt der Phasen- beziehungsweise Gangunterschied ein ganzzahliges Vielfaches der Wellenlänge *(n × λ)* entsteht **konstruktive Interferenz**
(siehe Abb. 2.10), das heißt, die Beugungs- beziehungsweise Streuamplituden der
Welle werden addiert. Im Gegensatz dazu tritt **destruktive Interferenz** auf, wenn
bei entsprechendem Winkel α der Gangunterschied $\lambda/2$ beträgt. Dann sind alle
Streuwellen „außer Phase" und löschen sich gegenseitig aus (Abb. 2.10).

In Abhängigkeit von der Spaltbreite *d* (beziehungsweise dem Gitterabstand in
unserem Kristall) können bei verschiedenen Beugungswinkeln θ die resultieren-
den Intensitäten wie in Abb. 2.11 dargestellt werden.

Die Beugungsbedingung für einen Einzelspalt ist demnach $sin(\theta) = \lambda/d$, wenn
θ dem Beugungswinkel, *d* der Spaltbreite und λ der Wellenlänge entspricht.

Bei einem realen Experiment werden mithilfe eines Diffraktometers mehrere hundert einzelne Beugungsbilder aufgenommen. Auf jedem Beugungsbild
(Abb. 2.12) kann man mehrere Reflexe mit unterschiedlicher Intensität erkennen.

2.2.5 Netzebenen

Reflexionen im Kristall treten nur an bestimmten Flächen im Translationsgitter
auf, die man als **Netzebenen** bezeichnet. Die Lage dieser Ebenen und damit auch
der Reflexe ist, ebenso wie der Aufbau der Elementarzelle, durch den molekularen

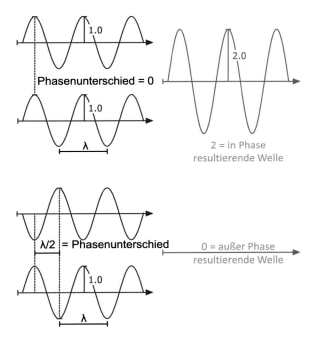

Abb. 2.10 Konstruktive und destruktive Interferenz. Die Amplitude der willkürlich gewählten Intensität 1 verdoppelt sich im Fall konstruktiver Interferenz und führt zu einer Welle der Amplitude 2. Bei destruktiver Interferenz dagegen ergibt sich durch die Phasenverschiebung um $\lambda/2$ eine vollständige Auslöschung der vorher gleich intensiven Wellen

Aufbau und somit durch die Lage der Atome beziehungsweise der Positionen ihrer Elektronen bestimmt.

▶   Kennt man aus einem Röntgenbeugungsexperiment die Reflex-positionen sowie deren Intensitäten, kann man hieraus auf die Lage aller Atome im Kristall schließen.

In der Darstellung einer Elementarzelle in Abb. 2.13 sind die Lagen einiger Netzebenen exemplarisch dargestellt. Die abgebildeten und weitere im gleichen Abstand dazu parallele Ebenen bezeichnet man als **Netzebenenschar.**

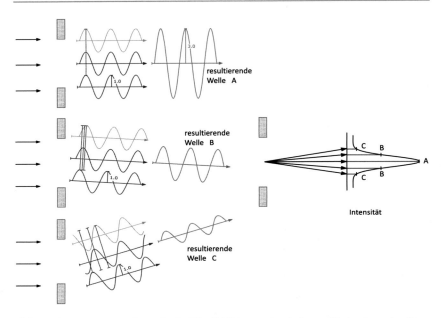

Abb. 2.11 Beugung an einem Spalt. Die Abbildung zeigt drei verschieden intensive Beugungen. Die Welle A resultiert aus maximaler konstruktiver Interferenz. Im Teil B sorgt eine Phasenverschiebung für nur teilweise konstruktive Interferenz. Die Welle C resultiert aus zwei Einzelwellen mit maximaler konstruktiver Interferenz sowie einer Welle, die hierzu um $\lambda/2$ phasenverschoben ist. Auf der rechten Bildseite ist der entstehende Gesamtreflex in Form einer Gauß-Intensitätsverteilung dargestellt

Da zu jeder Ebene, die durch Punkte des Translationsgitters geht, auch eine Schar weiterer dazu paralleler Netzebenen existiert, kann man davon ausgehen, dass sämtliche auftretende Gitterpunkte auf diesen parallelen Ebenen liegen.

Charakterisiert werden die Netzebenen mit *hkl*-Werten, den sogenannten **„Miller-Indices"**.

Um diese Indices zu ermitteln, nimmt man mindestens drei Gitterpunkte, die nicht alle auf einer Geraden liegen und definiert damit eine Gitter- oder Netzebene (in der Abbildung dick blau markiert). Diese sollte jedoch nicht durch den Nullpunkt verlaufen. Als nächstes schaut man, in wie viele Achsenabschnitte diese und weitere hierzu parallele Netzebenen die drei Gittervektoren $\vec{a}, \vec{b}, \vec{c}$ unterteilen beziehungsweise schneiden. Das wären in unserem Beispiel die reziproken Achsenabschnitte *1/1 (1/h)* für den Vektor $\vec{a}$, *1/2 (1/k)* für den Vektor $\vec{b}$ sowie *1/4 (1/l)* für den Vektor $\vec{c}$. Die Kehrwerte dieser Brüche sind immer ganze

Abb. 2.12 Einzelnes Beugungsbild, das durch Bestrahlung eines Kristalls mit Röntgenstrahlung entsteht. Röntgenreflexe werden durch helle Punkte unterschiedlicher Intensität repräsentiert. Der längliche dunkle Schatten entsteht durch den Hauptstrahlfänger, der das Auftreffen des direkt eingestrahlten, sehr intensiven Röntgenstrahls auf die Aufnahmeeinheit (CCD-Kamera) verhindert

Zahlen und entsprechen den zugehörigen *hkl*-Werten. In unserem Beispiel wäre das der Wert *(124)*. Würde eine Ebene parallel zu einer kristallographischen Achse verlaufen, hätte einer der Indices den Wert *0*, das heißt ein Achsenabschnitt läge im Unendlichen. Einige Beispiele hierzu werden in der Abbildung Abb. 2.14 gezeigt. Ist ein Achsenabschnitt negativ, dann wird der Miller-Index mit einem Querstrich oberhalb der Zahl versehen (z. B. $(\bar{2}15)$).

Ein Beispiel für die Netzebenen *(320)* wird in Abb. 2.15 gezeigt. Die *a*-Achse wird somit in dem Beispiel drei Mal „geschnitten", die *b*-Achse zwei Mal und die *c*-Achse überhaupt nicht, beziehungsweise die Netzebenen verlaufen parallel zur *c*-Achse.

Abb. 2.13 Elementarzelle
mit einer Schar paralleler
Netzebenen

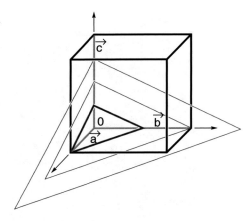

▶   Eingeklammerte Miller-Indices *(hkl)* werden für Netzebenen ver-
    wendet. *hkl*-Werte ohne Klammern bezeichnen einzelne Beugungen.

Die Symmetrie des Translationsgitters (Abschn. 2.3.1) zeigt sich auch in den
Netzebenen. Besitzt ein Einkristall gut ausgebildete Kristallflächen an seiner
Oberfläche, kann man von den Winkeln der äußeren Kristallform auf das Kristall-
system schließen.

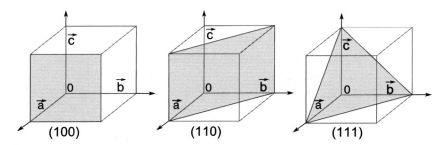

Abb. 2.14 Beispiele für Miller-Indices mit einzelnen Netzebenen parallel zu mehreren
kristallografischen Achsen (links), parallel zu einer kristallografischen Achse (Mitte) sowie
der Netzebene *(111)* in der rechten Abbildung

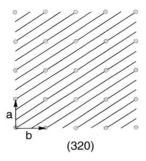

b

(320)

Abb. 2.15 Netzebenenschar, die parallel zur *c*-Achse verläuft (zweidimensionale Projektion, Blick entlang der *c*-Achse)

2.2.6 Die Bragg Gleichung

Bereits im Jahr 1912 entdeckten William Henry Bragg und dessen Sohn William Lawrence Bragg (Bragg 1912) einen Zusammenhang zwischen eingestrahltem Röntgenlicht, der Lage der Netzebenen sowie den mithilfe einer Fotoplatte detektierten Röntgenreflexen. Hierfür wurden sie 1915 mit dem Nobelpreis für Physik ausgezeichnet.

Wie wir bereits in einem vorausgehenden Kapitel (Abschn. 2.2.4) erfahren haben, durchdringt ein Großteil der Röntgenstrahlung den untersuchten Kristall ungehindert. Trifft die Strahlung jedoch auf bestimmte Punkte, die sich auf Netzebenen befinden, dann kann eine Beugung auftreten (Abb. 2.16).

Eine solche Reflexion beziehungsweise Beugung erfolgt immer dann, wenn die **Bragg-Gleichung** erfüllt ist:

$$n\,\lambda = 2d\,\sin\Theta \qquad (2.1)$$

In der Praxis wird der Netzebenenabstand über die Bragg-Gleichung ermittelt. Man verwendet eine Röntgenquelle mit bekannter Wellenlänge λ in definierter Anordnung. In den Strahlengang dieser Quelle positioniert man den zu untersuchenden Kristall. Einen Anteil der gebeugten Strahlung erfasst dann ein für Röntgenquanten empfindlicher Detektor. Der größte Teil der einfallenden Strahlung passiert die Probe jedoch ungebeugt und wird in aller Regel über eine Bleiplatte vor dem Detektor quantitativ abgefangen.

Blei als Abschirmmaterial Blei findet als Material zur Abschirmung von Röntgenstrahlung oder radioaktiver Strahlung Verwendung, da es selbst bei

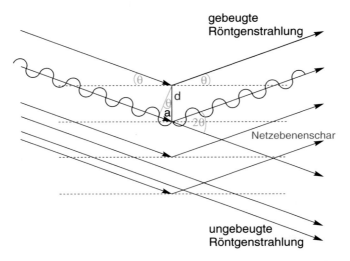

Abb. 2.16 Darstellung von Röntgenstrahlung, die auf Netzebenen trifft und daran zum Teil gebeugt wird. d ist der Netzebenenabstand, Θ ist der Beugungswinkel und a entspricht der halben Wellenlänge λ

geringer Materialstärke Strahlung in diesem Wellenlängenbereich sehr effektiv abfängt. Das ist im Wesentlichen auf die hohe Dichte von Blei, den Photoeffekt, die Compton-Streuung sowie die Paarbildung zurückzuführen.

Der Photoeffekt
Wird auch photoelektrischer oder lichtelektrischer Effekt genannt. Durch Absorption eines Photons wird ein Elektron aus einer Bindung gelöst. Logischerweise muss die Energie des Photons mindestens so hoch wie die Bindungsenergie sein.

Die Compton-Streuung
Von einer Compton-Streuung spricht man, wenn ein auf ein Teilchen treffendes Photon unter Wellenlängenvergrößerung gestreut wird.

Die Paarbildung
Man versteht darunter die Bildung eines Elektron-Positron-, beziehungsweise eines Teilchen-Antiteilchen-Paares aus einem energiereichen Photon.

Wie man in der Abbildung Abb. 2.16 erkennt, weicht die gebeugte Strahlung um den Winkel *2Θ* von der Originalrichtung ab. Der Gesamtwinkel setzt sich aus dem **Einfallswinkel** *Θ* (Winkel der Strahlung zur Netzebene) sowie dem gleich großen **Ausfallswinkel** *Θ* zusammen. Mathematisch betrachtet findet man den Beugungswinkel *Θ* noch an weiteren Positionen, die in der Abbildung grün gekennzeichnet sind. Das ermöglicht uns, die folgende Gleichung aufzustellen:

$$\sin \Theta = \frac{a}{d} \qquad (2.2)$$

$$\text{Hierbei entspricht } 2a = n \cdot \lambda \qquad (2.2)$$

Demnach entspricht die Wegdifferenz zwischen oberem und unterem Wellenzug einem ganzzahligen Ein- oder Vielfachen ($n = 1, 2, 3, \ldots$) der Wellenlänge. Setzt man den Wert für *a* in die Gleichung Formel 2.2 ein und formt diese um, so ergibt diese die Bragg-Gleichung (Formel 2.1) vom Kapitelanfang.

Um bei der Bezeichnung der Netzebenen nicht auch noch den Parameter *n* für die Bindungsordnung angeben zu müssen, multipliziert man *(h k l)* mit *n* nach der Formel *(n·h n·k n·l)*. Anhand der umgeformten Bragg-Gleichung $\lambda = 2d/n$ *sinΘ* erkennt man, dass die fiktiven Netzebenen umso näher beieinander liegen, je höher die Bindungsordnung ist.

Fragen
3. Warum „fängt" man die Röntgenstrahlung nach dem Kristall aber vor dem Detektor ab?
4. Sie haben eine Netzebene *(322)* ermittelt. Welche Indices hätten die fiktiven Netzebenen der zweiten und der dritten Beugungsordnung?

Nun kann man annehmen, dass in einem ausgedehnten Translationsgitter die Zahl der Netzebenen sehr groß wird. Wie viele Reflexe man hierbei jedoch detektieren kann, hängt von der Wellenlänge ab. Wie wir bereits wissen, bedeuten höhere Indices auch kleinere Netzebenenabstände *d*. Entsprechend der Bragg-Gleichung steigt mit kleiner werdendem Abstand aber der Beugungswinkel *Θ* an, bis dieser 90° erreicht hat. *d* entspricht dann gerade der halben Wellenlänge *(λ/2)*.

2.2.7 Das reziproke Gitter

Ein Kristall weist in aller Regel sehr viele Netzebenen auf, was zu einer gewissen Unübersichtlichkeit beiträgt. Um jedoch eine übersichtliche Bearbeitung zu ermöglichen, behandelt man das Kristallgitter reziprok.

Beschreibt man jede Netzebenenschar durch einen Vektor mit der Länge des Netzebenenabstandes und der Richtung ihrer Flächennormalen, dann entspricht jeder beobachtete Reflex *hkl* dem Endpunkt des entsprechenden Vektors (Abb. 2.17). Dieser Normalenvektor wird durch die Formel

$$\vec{n} = \begin{pmatrix} h \\ k \\ l \end{pmatrix} \tag{2.4}$$

beschrieben. Durch die Divisionen der Basisvektoren $\vec{a}$, $\vec{b}$, $\vec{c}$ im realen (Translations-)Gitter in der Art $\frac{\vec{a}}{h}$, $\frac{\vec{b}}{k}$ und $\frac{\vec{c}}{l}$ ergibt sich die zuvor angedeutete reziproke Betrachtungsweise. Gleichzeitig werden auch die realen Achsen durch reziproke Achsen ersetzt. Die reziproken Achsen $\vec{a}^*$, $\vec{b}^*$ und $\vec{c}^*$ stehen senkrecht zu den realen Ebenen und werden über die folgenden Vektorprodukte definiert:

$$\vec{a}^* = \frac{\vec{b} \times \vec{c}}{V_E}; \quad \vec{b}^* = \frac{\vec{a} \times \vec{c}}{V_E}; \quad \vec{c}^* = \frac{\vec{a} \times \vec{b}}{V_E} \tag{2.5}$$

Hierbei entspricht V_E dem Volumen der Elementarzelle.

Die reziproken Achsen bilden eine Art reziproke Elementarzelle und durch Aneinanderreihung dieser Zellen das reziproke Gitter. Jeder Punkt im reziproken Gitter repräsentiert dann direkt einen möglichen (gemessenen) Reflex *hkl*, was uns eine übersichtliche Betrachtung der Reflexe ermöglicht, wie es auch in der Abb. 2.18 verdeutlicht wird.

Im Translationsgitter haben wir bereits die Gittervektoren $\vec{a}$, $\vec{b}$ und $\vec{c}$ kennengelernt (Abb. 2.4). Daraus errechnen sich die **Gitterkonstanten** $a = |\vec{a}|, b = |\vec{b}|, c = |\vec{c}|$.

Die Gitterkonstanten sind in Abb. 2.19 dargestellt.

Abb. 2.17 Ermittlung eines Indexes *hkl* durch vektorielle Darstellung. Der eingezeichnete Vektor beginnt im Nullpunkt der Elementarzelle, besitzt die Richtung der Flächennormalen der zugehörigen Netzebene und hat die Länge des Netzebenenabstandes *d*

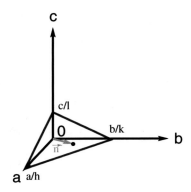

Abb. 2.18 Darstellung des reziproken Gitters: aufgestellt durch die reziproken Achsen wird ein räumliches Gitter aus Reflexen (auf Netzebenen) gebildet

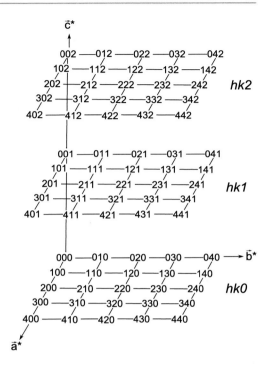

Ewald Konstruktion Da sich die in einem Beugungsexperiment beobachteten Reflexe auf das reziproke Gitter beziehen, benötigen wir eine reziproke Version der Bragg-Gleichung (Formel 2.1), um ein beobachtetes Beugungsmuster zu interpretieren. Hierfür ist die sogenannte **Ewald-Kugel** (Abb. 2.20) geeignet.

Der Kristall befindet sich im Zentrum der Kugel, mit dem Radius 1 im Einheitskreis und dieser ist abhängig von der Wellenlänge (Radius $= 1/\lambda$). Der reziproke Vektor $1/d$ ist als Sekante eingezeichnet und schneidet den Einheitskreis an der Stelle, wo der gebeugte Röntgenstrahl den Kreis berührt. An dieser Stelle befindet sich ein Reflex. Angelehnt an die Bragg-Gleichung (Formel 2.1) mit $n = 1$ sieht die entsprechende Formel dann folgendermaßen aus:

$$\sin\Theta = \frac{\text{Gegenkathete}}{\text{Hypothenuse}} = \frac{1}{d} \Big/ \frac{2}{\lambda} = \frac{\lambda}{2d} \qquad (2.6)$$

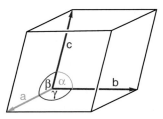

Abb. 2.19 Gitterkonstanten in der Elementarzelle. Hierzu zählen neben den Kristallachsen *a*, *b* und *c* auch die Winkel α, β und γ, die bei schiefwinkligen Elementarzellen von 90° abweichen

a　　　　　　　　　　　　　　　　　**b**

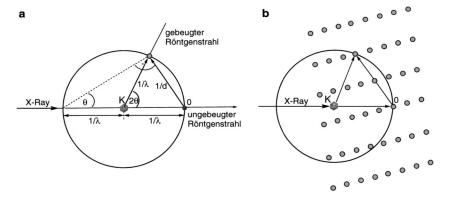

Abb. 2.20 a links: Die Ewald-Kugel. K bezeichnet den Kristall, X-Ray ist die einfallende Röntgenstrahlung. **b** Rechte Darstellung mit eingezeichneten Reflexen, die Netzebenen verlaufen entlang der Reflexe sowie parallel dazu. Aus Gründen der Übersichtlichkeit wurde nur ein zweidimensionales Gitter abgebildet

Da die Netzebenenscharen durch die Dreidimensionalität des Kristalls in verschiedenen Richtungen zu finden sind, müssen wir eine Kugeloberfläche anstelle eines Kreises betrachten. Die Reflexionsbedingung ist immer dann erfüllt, wenn ein Reflex die Oberfläche der Kugel berührt. Der in Magenta eingefärbte Spot in der Zeichnung a der Abb. 2.20 entspricht dem Nullpunkt und damit dem Ursprung der Elementarzelle.

Eine Drehung des Kristalls bedeutet, dass die Röntgenstrahlung den Kristall von einer anderen Seite anstrahlt, was zu einer Drehung des reziproken Gitters führt.

In der Abb. 2.21 wird exemplarisch der Ausschnitt einer Beugungssphäre dargestellt. Darauf sind alle detektierten Reflexe, entsprechend ihrer Intensität, auf den abgebildeten Netzebenen zu erkennen.

Space group: P-1 Circle resolutions 1.00 and 1.50A
Cell: 9.072 11.032 13.525 89.234 71.160 75.601
Layer h = 0, +k down, +l to right

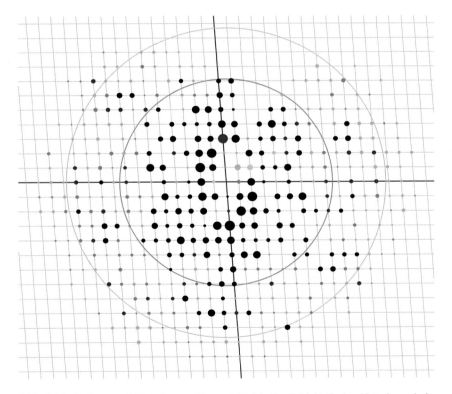

Abb. 2.21 Reflexe auf Netzebenen. Dargestellt ist die Schicht 0 der Netzebene h in der Projektionsebene. Die Darstellung erfolgt hier mithilfe des Programms „xprep" als Teil der BRUKER APEX Programmsuite (APEX3 2015). Aufgrund der Raumgruppe $P\bar{1}$ (siehe Abschn. 2.3.3) sind die Reflexe sowohl bei der Intensität als auch bei der Position inversionssymmetrisch zum Mittelpunkt

2.2.8 Strukturfaktoren

Von einer erfolgreich durchgeführten Strukturanalyse erwarten wir ein Molekülmodell. Dieses erhalten wir durch Ermittlung der Aufenthaltswahrscheinlichkeiten,
vereinfacht ausgedrückt der Positionen aller Elektronen der im Kristall vorhandenen
Atome. Haben wir erst den Anhäufungen von Elektronendichte in definierten
Raumabschnitten passende Atome zugeordnet, können wir aufgrund deren interatomarer Distanzen auf die Moleküle schließen. Das geschieht mithilfe der Van-der-
Waals–Radien der zugeordneten Atomtypen. Unterschreitet der Abstand zwischen
den Zentren zweier Elektronendichten die Summe der beiden spezifischen Radien,
dann kann man von einer Bindung zwischen den beiden Atomen ausgehen. Aber
bis wir so weit vorangeschritten sind, müssen wir zuvor noch einige Berechnungen
vornehmen.

Unsere zentralen Rechengrößen hierbei sind die **Strukturfaktoren** F_{hkl}. Das
Symbol verdeutlicht, dass für jeden gemessenen Reflex *hkl* ein Strukturfaktor
existiert. Allerdings erhalten wir bei einer Messung nicht direkt die Strukturfaktoren, sondern nur Streuamplituden beziehungsweise Intensitäten der Reflexe
sowie natürlich auch deren Lageinformationen. Dabei besteht der folgende
Zusammenhang zwischen Strukturfaktor und Intensität:

$$|F_{hkl}| \approx \sqrt{I_{hkl}} \qquad (2.7)$$

Zur direkten Umrechnung müssen noch Korrekturen in Form von Lorentz und
Polarisationsfaktoren berücksichtigt werden, auf die wir hier aus Gründen der
Übersichtlichkeit nicht näher eingehen. Diese Strukturfaktoren, die aus den Mess-
werten hervorgehen, werden auch als beobachtete Strukturfaktoren F_{obs} bezeichnet.

Da die Streuung der Röntgenstrahlung an der Elektronenhülle der Atome
erfolgt, hängt die Amplitude der Streuwelle von der Elektronendichte, deren Ver-
teilung sowie der Elektronenanzahl ab. Letztere ist bekanntermaßen bei jedem
Atomtyp unterschiedlich. Da die Atome nicht punktförmig sind, hängen die
Streuamplituden auch von der „Atomform" ab, was die Definition sogenannter
Atomformfaktoren *(scattering factors, f)*, notwendig gemacht hat.

Außerdem nehmen die Streuamplituden, bedingt durch Phasenverschiebung,
mit zunehmendem Beugungswinkel ab.

Durch eine Messung erhalten wir die F_{obs}. Die weitere Bearbeitung erfordert
jedoch noch die Ermittlung der sogenannten berechneten Strukturfaktoren *(F_{calc})*.
Da sich die Streuwellen aller Atome der Sorte *j* in der Elementarzelle überlagern,

gestaltet sich die hierzu notwendige Summationsformel recht aufwändig. X_j, Y_j, Z_j repräsentieren hierbei die Atomkoordinaten:

$$F_{calc} = \sum_j f_j \left\{ \cos 2\pi \left(hX_j + kY_j + lZ_j \right) + i \sin 2\pi \left(hX_j + kY_j + lZ_j \right) \right\} \quad (2.8)$$

Bei einer Messung der Beugungen (F_{obs}) sind zwar deren Reflexintensitäten zugänglich, aber nicht die Phasenverschiebungen. Daraus ergibt sich das „Phasenproblem" der Strukturanalyse. Die Phasenverschiebung wird durch den Imaginärteil in der Formel 2.8, das ist der rechte Teil mit dem Sinusglied, berücksichtigt.

Die Ermittlung der Phasenverschiebung ist das Hauptziel der sogenannten **Strukturlösung,** die es im Erfolgsfall ermöglicht aus den gemessenen Reflexen ein Molekülmodell zu erhalten.

2.2.9 Strukturlösung

Ein Beugungsvorgang lässt sich beschreiben, indem man sich die Zerlegung des eingestrahlten kohärenten Röntgenstrahls in viele Einzelwellen (F_{hkl}) mittels Fourier-Transformation vorstellt. Wenn man nun die Fourier Koeffizienten – nämlich Streuamplituden und Phasen – aller Einzelreflexe kennt, dann kann man mithilfe von Fourier-Summationen die Elektronendichtefunktion ρ der Kristallstruktur berechnen. Eine Strukturlösung besteht folglich darin, die messbare Reflexintensität in Streuamplitude und Phasenwinkel zu zerlegen, um damit die nicht direkt aus der Messung ersichtlichen Phasenverschiebungen zu ermitteln. Zur Berechnung der Elektronendichtefunktion dient die folgende Fourier-Summation:

$$\rho_{XYZ} = \frac{1}{V} \sum_{hkl} F_{hkl} \cdot \left\{ \cos \left[2\pi \left(hX + kY + lZ \right) \right] + i \sin \left[2\pi \left(hX + kY + lZ \right) \right] \right\}$$
$$(2.9)$$

Mithilfe dieser Formel ist es möglich, für jede Koordinate XYZ in der Elementarzelle die Elektronendichte zu berechnen. Wir erhalten praktisch eine Elektronendichtekarte der Elementarzelle. Wie wir inzwischen wissen, finden die Röntgenbeugungen an den Elektronenhüllen der Atome statt. Somit repräsentieren Anhäufungen von Elektronendichten in begrenzten Volumeneinheiten in aller Regel einzelne Atome. Über die Menge an Elektronendichte in bestimmten Volumeneinheiten ist es möglich auf den Atomtyp rückzuschließen.

Um eine Kristallstruktur zu lösen gibt es mehrere Methoden, deren Erläuterung den üblichen Umfang dieser Buchreihe sprengen würde. Deswegen sind hier nur die beiden wichtigsten Methoden namentlich erwähnt. Das wären die Patterson-Methoden sowie die Direkten-Methoden.

2.2.10 Strukturverfeinerung

Auch wenn nach der Lösung einer Kristallstruktur ein sinnvolles oder gar das erwartete Molekül zu erkennen ist, stellt das Ergebnis dennoch zunächst noch ein grobes Elektronendichtemodell einer Elementarzelle dar, anders ausgedrückt ein unfertiges Modell der Atompositionen respektive des Moleküls. Die Aufgabe der Strukturverfeinerung besteht in der Verbesserung des aus der Strukturlösung erhaltenen Molekülmodells.

Hierfür minimiert man die Differenz zwischen den berechneten Strukturfaktoren (F_{calc}) und den beobachteten Strukturfaktoren (F_{obs}):

$$\Delta = ||F_{obs}| - |F_{calc}|| \tag{2.10}$$

Der Wert Δ entspricht dieser Differenz. Je größer der Wert ist, desto „unfertiger" ist unser Strukturmodell. Wir versuchen deshalb die berechneten Strukturfaktoren an die beobachteten Strukturfaktoren anzugleichen, also die Differenz zu verkleinern.

Da die F_{obs}-Werte aus der Messung stammen, also sozusagen die gemessene Realität widerspiegeln, dürfen wir diese nicht verändern. Damit wird klar, dass nur die berechneten F_{calc}-Werte, die wir aus unserem Molekülmodell von der Strukturlösung erhalten, verändert werden dürfen.

Hierzu bedienen wir uns bei der sogenannten Methode der kleinsten Fehlerquadrate (englisch „least squares").

Aber auf welche Art können wir überhaupt auf die berechneten Strukturfaktoren Einfluss nehmen?

In der Strukturfaktorgleichung (Formel 2.8) sind die Ortskoordinaten XYZ jedes Atoms enthalten. Folglich werden durch Variation der Atomkoordinaten auch die entsprechenden Strukturfaktoren verändert. Auch über die **Temperaturfaktoren** U der Atome können deren Positionen beziehungsweise Aufenthaltswahrscheinlichkeiten beeinflusst werden.

▶   Die gefundenen Atome sind nicht exakt an einem bestimmten Punkt
    fixiert, sondern sie „schwingen" um eine Nullpunktlage. Da diese
    Schwingungen temperaturabhängig sind, beschreibt man sie mit iso-

tropen (U_{iso}) und anisotropen (U_{aniso}) **Temperaturfaktoren.** Eine iso-
trope Betrachtungsweise bedeutet, dass die thermischen Bewegungen
in allen drei Raumrichtungen gleich groß sind, also kugelsymmetrisch.
Da jedoch das Ausmaß der Schwingungen in Richtung von Bindungen
zumeist anders ausfällt als jenes der dazu senkrechten Schwingungen,
erreicht man mit der anisotropen Betrachtungsweise eine wesent-
lich realistischere Beschreibung des Molekülmodells. Die räumliche
Darstellung jedes Atoms erfolgt hierbei in Form von **Schwingungs-
ellipsoiden,** die durch die drei Hauptachsen U_1, U_2 und U_3 beschrieben
werden sowie weiteren drei Temperaturfaktoren, welche die Lage zu
den reziproken Achsen angeben. Die Schwingungsellipsoide sagen
damit etwas über die Aufenthaltswahrscheinlichkeiten der Elektronen
aus. Wasserstoffatome, die nur ein einziges Elektron besitzen, werden stets nur isotrop verfeinert. Alle Nicht-Wasserstoffatome werden
dagegen im Regelfall anisotrop verfeinert.

Im Laufe der einzelnen Verfeinerungszyklen werden folglich Atompositionen und
Temperaturfaktoren verändert und die Auswirkung auf die Differenz F_{obs} minus
F_{calc} beobachtet. Wird diese kleiner, dann wurde das berechnete Modell offensichtlich verbessert. Da die Moleküle aus einigen wenigen bis vielen hundert Atomen bestehen, kann ein Verfeinerungsprozess recht langwierig werden. Er wird
so lange fortgesetzt, bis die Differenz F_{obs} minus F_{calc} nicht weiter verkleinert
werden kann, man spricht dann von Konvergenz.

Pro Atom ist dabei nicht nur ein „Parameter" oder eine „Variable" zu berücksichtigen, sondern normalerweise deren Neun im Falle einer anisotropen Verfeinerung U_{aniso}. Es handelt sich hierbei jeweils um drei Ortskoordinaten und
sechs thermische Parameter. Im Fall einer isotropen Verfeinerung sind es nur vier
Variablen (drei Ortskoordinaten und ein thermischer Parameter U_{iso}).

Zusätzlich muss pro Strukturanalyse noch genau ein **„Skalierungsfaktor"**
mit verfeinert werden. Der Skalierungsfaktor ist ein Multiplikator, der dazu
dient, das absolute „Intensitätslevel" aller berechneten Strukturfaktoren F_{calc} an
jenes der gemessenen Reflexe F_{obs} anzupassen. Die Streuamplituden von Letzte-
ren hängen von der Größe und der Streukraft des gemessenen Kristalls ab und
sind deshalb auch bei Kristallen derselben Verbindung stets unterschiedlich groß.
Reflexe sind zwar dimensionslos, weisen aber unterschiedliche Intensitäten auf.
Deswegen wird jeder berechnete F_{calc}-Wert mit dem gleichen Skalierungsfaktor
multipliziert, um ihn auf die Größenordnung seines korrespondierenden und nicht
zu verändernden F_{obs}-Wertes zu bekommen.

5. Berechnen Sie, wie viele Variablen beziehungsweise Parameter bei der Verfeinerung von Phenol zu berücksichtigen wären.

2.2.11 Darstellung der Ergebnisse

Sobald die Verfeinerung vollständig und erfolgreich beendet ist, gilt es die Ergebnisse einer Kristallstrukturbestimmung zu präsentieren. Das erfolgt in Form verschiedener Tabellen und grafischer Darstellungen.

Tabelle kristallografischer Daten Zur Beurteilung der Qualität des Kristalls und der Strukturanalyse wird am besten die Tabelle (Tab. 2.2) verwendet, in der die wichtigsten kristallografischen Daten zusammengefasst sind. In der dritten Spalte dieser Tabelle sind die Daten der entsprechenden Zeile erläutert.

▶ **Wichtig**
Z: Normalerweise entspricht sein Wert der Anzahl an Molekülen in der Elementarzelle. Falls ein Molekül „auf" einem Symmetrieelement der Elementarzelle liegt, halbiert sich der Wert von Z. Befinden sich zwei unterschiedliche Moleküle in der Elementarzelle, verdoppelt sich Z.

Absorption: Trifft Röntgenstrahlung auf Atome, findet neben Beugung auch Absorption statt, die je nach Atomtyp unterschiedlich stark ausfällt.

Restraints: Verfeinerung mit geometrischen Einschränkungen, beispielsweise sind Änderungen interatomarer Distanzen nur in bestimmten Grenzen möglich (siehe hierzu Abschn. 2.3.3).

Die berechnete Dichte lässt sich aus der Molmasse (M), dem Wert von Z (Formeleinheiten in der Elementarzelle), dem Volumen der Elementarzelle (V) und der Avogadro-Konstante ($N_A = 6{,}022 \times 10^{23}\,\text{mol}^{-1}$) mit der folgenden Formel ermitteln:

$$d = \frac{M \times Z}{V \times N_A}$$

(2.11)

Einige Bezeichnungen, wie beispielsweise „Kristallsystem", „Raumgruppe" und einige mehr werden im nachfolgenden Kapitel Abschn. 2.3 noch detailliert behandelt, weshalb an dieser Stelle keine zusätzliche Erläuterung erfolgt.

Tab. 2.2 Tabelle kristallographischer Daten

Identification code	AW11.8	Kurzbezeichnung der Verbindung
Empirical formula	$C_{73}H_{15}N_1O_5$	Summenformel der Verbindung
Formula weight	985.9 kg/Mol	Molare Masse
Temperature	200(2) K	Temperatur am Kristall während der Messung
Wavelength	0,71073 Å	Wellenlänge der verwendeten Strahlung, in diesem Fall ein 2:1 Mittelwert zwischen der $K_{\alpha 1^-}$ und $K_{\alpha 2}$-Strahlung von Molybdän
Crystal system	Triclinic	Kristallsystem
Space group	$P\bar{1}$	Gefundene Raumgruppe
Unit cell dimensions	a = 10,047(1) Å b = 14,620(1) Å c = 16,904(1) Å α = 68,12(1)° β = 76,01(1)° γ = 84,59(1)°	Gitterkonstanten: Längen der Achsen und Größe der Winkel der Elementarzelle
Volume	2235,8(3) Å^3	Volumen der Elementarzelle
Z	2	Anzahl der „Formeleinheiten" in der Elementarzelle
Density (calculated)	1,46 Mg/m^3	Berechnete Dichte des Kristalls
Absorption coefficient	0,09 mm^{-1}	Absorptionskoeffizient (hängt von Anzahl und Typ der vorkommenden Atome ab)
F(000)	1000	Anzahl aller Elektronen in der Elementarzelle
Crystal size	0,37 × 0,22 × 0,12 mm	Abmessungen des gemessenen Kristalls
Theta range for data collection	2,1° to 25,6°	Θ-Bereich, in dem Reflexe bei der Messung erfasst wurden

(Fortsetzung)

Tab. 2.2 (Fortsetzung)

Index ranges	$-11<=h<=11$ $-17<=k<=17$ $-20<=l<=19$	HKL-Grenzwerte beziehungsweise Bereiche, in denen Reflexe gemessen wurden
Reflections collected	16607	Anzahl der gemessenen Reflexe
Independent reflections	7495 [$R_{int}=0,027$]	Anzahl der „unabhängigen" Reflexe, in Klammern steht der „Mittelungs-R-Wert"
Absorption correction	Empirical	Die Messdaten wurden einer empirischen Absorptionskorrektur unterworfen
Max. and min. transmission	0,82 and 0,59	Angabe der größten und kleinsten Transmissionswerte
Refinement method	Full-matrix least-squares on F^2	Bei der Verfeinerung wurde die Methode der kleinsten Fehlerquadrate verwendet
Data/restraints/parameters	7495/0/779	Anzahl unabhängiger Reflexe/Anzahl Restraints (Beschränkungen)/Anzahl an Variablen (Parametern) bei der Verfeinerung
Goodness-of-fit on F^2	1,01	Gof oder S-Wert
Final R indices [I>2σ(I)]	R1 = 0,043 wR2 = 0,095	Konventioneller R-Wert (R1) und gewichteter quadratischer R-Wert (wR2) für Reflexe, die oberhalb eines „Intensitäts-Cutoffs" liegen
R indices (all data)	R1 = 0,073 wR2 = 0,110	Konventioneller R-Wert und gewichteter quadratischer R-Wert unter Berücksichtigung aller Reflexe
Largest diff. peak and hole	0,26 and $-0,22$ e/A^{-3}	Höchste und niedrigste Restelektronendichte

Die Angabe zur Raumgruppe erfolgt nachdem diese anhand eines sogenannten „Raumgruppentests" bestimmt wurde (siehe Abschn. 2.3.3).

Fragen
6. Erstellen Sie eine Formel, anhand derer man Z berechnen kann, wenn man die Dichte des Kristalls experimentell ermittelt hat.

Gütebeurteilung der Strukturanalyse Zur Einschätzung der Qualität der gemessenen Verbindung können eine Reihe „Gütekriterien" herangezogen werden, die sinnvollerweise auch in der vorangehenden Tabelle aufgeführt sind. Zunächst erlaubt der **Mittelungs-R-Wert** (R_{int}) eine Einschätzung, wie gut äquivalente Reflexe – das sind Beugungen, die theoretisch gleiche Intensitäten aufweisen – tatsächlich übereinstimmen. Zum Beispiel müssen „Friedel-Paare" immer gleiche Intensitäten haben. Wie wir später noch erfahren, können bei manchen Raumgruppen auch die Reflexe des Typs *hkl* und *h-kl* sowie auch andere Kombinationen gleiche Intensitäten aufweisen. Je weiter die Intensitäten solcher symmetrieäquivalenter Reflexe voneinander abweichen, desto höher ist auch die Abweichung von deren Intensitäts-Mittelwert. Fasst man alle symmetrieäquivalenten Reflexe zusammen, indem man sie mittelt und somit nur noch ein gemeinsamer Wert übrig bleibt, dann hat man letztendlich nur noch einen Satz sogenannter unabhängiger Reflexe.

Friedel-Paare
Das sogenannte Friedel-Gesetz lautet

$$I_{hkl} = I_{-h-k-l} \qquad (2.12)$$

Hierbei entspricht die Intensität der Reflexe *hkl* immer derjenigen von *−h-k-l*. Die Reflexe verhalten sich somit immer zentrosymmetrisch, auch wenn die Raumgruppe gar nicht zentrosymmetrisch ist. Das gilt beispielsweise für das Friedel-Paar *231* und *-2-3-1*, das den beiden Seiten derselben Netzebenenschar entstammt. Die Friedel-Paare weisen gleich große Streuamplituden auf, sie unterscheiden sich jedoch im Vorzeichen ihres Phasenwinkels.

Streng genommen gilt das Friedel-Gesetz nur bei Abwesenheit von Anomalen Dispersionseffekten. Diese treten aber besonders bei schwereren Elementen nicht gerade selten auf.

Der **konventionelle R-Wert** stellt das am häufigsten verwendete Gütekriterium dar und wird nach der folgenden Formel berechnet:

$$R = \frac{\sum_{hkl} ||F_{obs}| - |F_{calc}||}{\sum_{hkl} |F_{obs}|} \tag{2.13}$$

Er erlaubt mit einem Einzelwert die Abschätzung aller Differenzen zwischen sämtlichen beobachteten und berechneten Strukturfaktoren.

Sehr ähnlich wird der **gewichtete R-Wert** R_w ermittelt:

$$R_w = \sqrt{\frac{\sum_{hkl} w\left(F_{obs}^2 - F_{calc}^2\right)^2}{\sum_{hkl} w\left(F_{obs}^2\right)^2}} \tag{2.14}$$

Einerseits gehen in diese Formel 2.14 quadratische Strukturfaktorwerte ein, andererseits kommt noch ein Wichtungsschema (Formel 2.15) hinzu. Hauptsächlich wird hierzu die Standardabweichung σ (Definition weiter unten) herangezogen mithilfe der Formel:

$$w = \frac{1}{\sigma^2} \tag{2.15}$$

In der Praxis besitzen schwache Reflexe höhere Standardabweichungen als starke Reflexe, mit der Konsequenz, dass der Wert von w bei schwachen Reflexen kleiner wird.

Das Wichtungsschema wird auch in der Verfeinerung verwendet und bewirkt, dass besonders starken Reflexen, die gehäuft bei niedrigen Theta-Werten vorkommen, eine etwas geringere Bedeutung zukommt. Da Reflexe in höheren Theta-Wertebereichen im Normalfall geringere Intensitäten aufweisen, aber für die Bestimmung der exakten Atompositionen sehr wertvoll sind, wird damit verhindert, dass diese überwiegend durch Rumpfelektronen verursachten Reflexe neben den intensiver streuenden Reflexen „untergehen".

Als drittes Gütekriterium dient die **Goodness of fit,** beziehungsweise der **S-Wert:**

$$S = \sqrt{\frac{\sum_{hkl} w\left(F_{obs}^2 - F_{calc}^2\right)^2}{\left(N_{ref} - N_V\right)}} \tag{2.16}$$

Im Unterschied zum gewichteten R-Wert (Formel 2.14) wird im Nenner der Formel 2.16 die Differenz aller gemessenen Reflexe *(N_{ref})* abzüglich der Anzahl der verfeinerten Parameter *(N_V)* berücksichtigt.

In der vorangegangenen Tabelle befinden sich auch Angaben zur höchsten und niedrigsten Restelektronendichte. Diese Angaben können uns unter Umständen ebenfalls Hinweise auf die Qualität der Strukturanalyse geben. Da wir im Verlauf der Strukturanalyse eine Elektronendichtekarte der Elementarzelle erzeugt haben und anschließend den gefundenen Dichtepeaks passende Atome zugeordnet haben, könnte man annehmen, dass keine weitere Elektronendichte mehr übrigbleibt, wenn die Verfeinerung erfolgreich abgeschlossen ist. Dem ist aber nicht so! Zumeist finden wir in einem begrenzten Volumenbereich um das Zentrum eines Atoms weniger Elektronendichte, als es der Elektronenanzahl dieses Atoms entspricht. Beispielsweise erwarten wir sechs Elektronen für ein Kohlenstoffatom, finden jedoch eventuell nur ca. 5,4 Elektronen in dem berücksichtigten Volumenbereich. Da jedoch die Kohlenstoffatome Bindungen zu benachbarten Atomen eingehen und hierfür ein Teil der Elektronendichte verwendet wird, fehlt dieser Elektronendichteanteil im Zentrum des Atoms. Es entsteht dort durch Differenzbildung zwischen gefundener und theoretischer Elektronendichte ein „Elektronenloch" beziehungsweise eine physikalisch eigentlich unmögliche negative Elektronendichte.

Demgegenüber resultiert normalerweise im Zentrum des Bindungspfades zwischen zwei Atomen eine positive Restelektronendichte. Das ist eben jene Elektronendichte mit Anteilen beider beteiligten Atome, die für die Bindung verantwortlich ist.

Wenn jedoch eine höhere (Rest-)Elektronendichte außerhalb von Bindungspfaden oder in einem Volumenbereich, dem bislang kein Atom zugeordnet wurde, übrig bleibt, obwohl das gefundene Molekül bereits zu Ende verfeinert ist, dann liegt hier möglicherweise ein Lösungsmitteleinschluss vor. Dieser sollte durch Zuordnung der Atome des verwendeten Lösungsmittels berücksichtigt werden. Es kann auch sein, dass nicht in jeder passenden „Lücke" im Kristall ein Lösungsmittelmolekül vorkommt, sondern statistisch betrachtet nur an jeder zweiten möglichen Position. Dem kann in der Verfeinerung mit einer „Teilbelegung" Rechnung getragen werden.

Sollte jedoch immer noch höhere und nicht zuordenbare Restelektronendichte übrig bleiben, könnte es sich um eine Verunreinigung handeln oder ganz allgemein auf eine mindere Qualität des untersuchten Kristalls hindeuten.

Die Tab. 2.3 mit den Atomkoordinaten wurde aus Platzgründen um die Atome C4 bis C77 sowie um sämtliche Wasserstoffatome gekürzt. In der Tabelle sind die dreidimensionalen Atomkoordinaten x, y, z als fraktionale Werte angegeben. Diese stellen Bruchteile der Achslängen dar, wobei zusätzlich mitberücksichtigt wird, dass die Winkel der Elementarzelle von 90 Grad abweichen können.

Ausgehend vom Nullpunkt der Elementarzelle wird der Endpunkt der entsprechenden Achsen a, b oder c auf den Wert 1 normiert, wobei die tatsächliche
Länge der Achse a im aktuellen Fall 10,047(1) Å beträgt. Die Position exakt im
Zentrum der Elementarzelle wird durch die Werte 0,5, 0,5, 0,5 repräsentiert. Folglich ist das Zentrum der Elementarzelle ausgehend vom Nullpunkt in Richtung a
10,047 Å/2, also 5,024 Å entfernt. In Richtung b sind es 14,620 Å/2 (= 7,310 Å)
und in Richtung c 16,904 Å/2 (= 8,452 Å).
Standardabweichungen: In der Tab. 2.3 entsprechen die Werte in Klammern
den Standardabweichungen. Die zu berücksichtigende Größenordnung beträgt
zumeist 3σ, entsprechend dem dreifachen Wert der in der Klammer gelisteten
Zahl, bezogen auf die letzten Nachkommastellen der Koordinate. Beispielsweise
reicht der x-Wert des Atoms O1 0,32390(14) tatsächlich von 0,32348 bis 0,32432.
Die Verteilung dieser Werte entspricht einer Gauß'schen Glockenkurve, das heißt
der Wert 0,32390 entspricht dem häufigsten Aufenthaltsort. Je größer der Sig-
ma-Wert ist, desto geringer ist die Aufenthaltswahrscheinlichkeit im Zentrum der
Elektronendichte.

Zusätzlich ist in der vorherigen Tabelle der äquivalente thermische Parameter
U_{eq} für jedes Atom gelistet. Dieser Auslenkungsparameter ist ein Maß für die
Aufenthaltswahrscheinlichkeit der Elektronen. Der Zusatz „thermisch" weist auf

Tab. 2.3 Tabelle der Atomkoordinaten

Atom	x	y	z	Ueq
O1	0,32390(14)	0,86917(10)	0,38803(10)	0,0351(4)
O2	0,13279(15)	0,96401(11)	0,38623(11)	0,0425(4)
O3	−0,42052(16)	0,58876(12)	0,53931(10)	0,0422(4)
O4	−0,37496(15)	0,46974(10)	0,69269(10)	0,0358(4)
O5	−0,16807(14)	0,50232(10)	0,75456(9)	0,0327(4)
N1	0,1872(2)	0,85640(15)	0,23695(15)	0,0493(6)
C1	0,4041(2)	0,95420(15)	0,32348(14)	0,0292(5)
C2	0,3703(2)	0,97809(15)	0,22976(14)	0,0303(5)
C3	0,3254(2)	1,08554(16)	0,18524(14)	0,0290(5)
C78	0,8641(3)	0,68750(19)	0,2318(2)	0,0514(7)
C79	0,7551(3)	0,63153(19)	0,23609(17)	0,0454(6)
C80	0,6855(3)	0,6606(2)	0,1615(2)	0,0751(10)

die Temperaturabhängigkeit der Parameter hin. Je höher die Temperatur, desto größer sind normalerweise die thermischen Parameter. Für alle Nicht-Wasserstoffatome werden in einer weiteren Tabelle Tab. 2.4 die anisotropen thermischen Parameter angegeben, von denen es im Normalfall sechs unterschiedliche Temperaturfaktoren pro Atom gibt. Eine solche Tabelle ist in Tab. 2.4 exemplarisch dargestellt. Es handelt sich hierbei um quadratische Terme, die in $Å^2$ angegeben werden. U11, U22 und U33 sind die Quadrate der Hauptachsen des dargestellten Schwingungsellipsoids, die gemischten Glieder U23, U13 und U12 definieren die Lage zu den reziproken Kristallachsen. Die sechs zumeist unterschiedlich großen Parameter pro Atom zeigen, dass die Elektronendichte in den seltensten Fällen exakt kugelsymmetrisch um den Atomkern verteilt ist. Zumeist wird die Verteilung mehr oder weniger ellipsoid sein.

Wasserstoffatome werden dagegen immer nur isotrop behandelt, da man von einer kugelsymmetrischen Ladungsverteilung um den Atomkern ausgeht. Der Grund für diese vereinfachte Betrachtungsweise besteht darin, dass Wasserstoff insgesamt nur ein Elektron aufweist und deswegen im Vergleich zu Atomen mit höherer Elektronenzahl nur mit reduzierter Genauigkeit bestimmt werden kann.

In der Tabelle der Atomkoordinaten (Tab. 2.3) wurde aus Gründen der Übersichtlichkeit aus den sechs unterschiedlichen thermischen Parametern pro Atom ein gemittelter Wert (U_{eq}) berechnet.

Tab. 2.4 Tabelle der thermischen Parameter

Atom	U11	U22	U33	U23	U13	U12
O1	0,0268(8)	0,0261(8)	0,0397(9)	0,0000(7)	−0,0018(7)	−0,0049(6)
O2	0,0310(9)	0,0305(9)	0,0520(11)	−0,0012(8)	−0,0051(8)	−0,0032(7)
O3	0,0423(10)	0,0459(10)	0,0392(10)	−0,0109(8)	−0,0166(8)	−0,0043(8)
O4	0,0300(8)	0,0245(8)	0,0457(10)	−0,0062(7)	−0,0042(7)	−0,0057(7)
O5	0,0304(8)	0,0311(8)	0,0319(9)	−0,0039(7)	−0,0076(7)	−0,0078(7)
N1	0,0451(13)	0,0438(13)	0,0614(15)	−0,0209(11)	−0,0082(11)	−0,0131(11)
C1	0,0250(11)	0,0229(11)	0,0316(12)	−0,0026(9)	−0,0018(9)	−0,0049(9)
C2	0,0271(12)	0,0280(12)	0,0350(13)	−0,0111(10)	−0,0038(10)	−0,0062(9)
C3	0,0209(11)	0,0321(12)	0,0318(12)	−0,0053(10)	−0,0095(9)	−0,0065(9)
C78	0,0455(16)	0,0415(15)	0,0667(19)	−0,0281(14)	0,0013(14)	0,0010(13)
C79	0,0465(15)	0,0464(15)	0,0485(16)	−0,0262(13)	−0,0090(13)	0,0086(13)
C80	0,081(2)	0,079(2)	0,072(2)	−0,0306(19)	−0,0301(19)	0,0177(19)

Tab. 2.5 Tabelle mit selektierten geometrischen Parametern: Bindungslängen [Å], Bindungswinkel [°]

O1-C62	1,377(3)	O1-C1	1,462(2)	O2-C62	1,198(3)
O3-C67	1,364(3)	O3-C71	1,434(3)	O4-C68	1,383(2)
O4-C72	1,420(3)	O5-C69	1,365(2)	O5-C73	1,429(3)
N1-C61	1,145(3)	C1-C6	1,533(3)	C1-C9	1,540(3)
C1-C2	1,604(3)	C2-C61	1,485(3)	C2-C3	1,545(3)
C2-C12	1,548(3)	C3-C4	1,370(3)	C3-C14	1,434(3)
C78-C79	1,400(4)	C78-H78	0,9500	C79-C80	1,493(4)
C80-H80A	0,9800	C80-H80B	0,9800	C80-H80C	0,9800
C62-O1-C1	116,34(16)	C67-O3-C71	117,52(18)	C68-O4-C72	114,86(17)
C69-O5-C73	115,97(16)	O1-C1-C6	112,56(16)	O1-C1-C9	105,87(15)
C6-C1-C9	100,30(17)	O1-C1-C2	109,46(16)	C6-C1-C2	114,20(17)
C9-C1-C2	113,97(17)	C61-C2-C3	109,87(18)	C61-C2-C12	106,34(17)
C3-C2-C12	99,83(17)	C61-C2-C1	110,50(17)	C3-C2-C1	114,77(17)
C12-C2-C1	114,81(18)	C4-C3-C14	119,57(19)	C4-C3-C2	123,50(19)
C14-C3-C2	109,77(19)	C3-C4-C17	120,1(2)	C3-C4-C5	120,67(19)
C77-C78-C79	119,7(3)	C77-C78-H78	120,1	C79-C78-H78	120,1
C74-C79-C78	118,7(3)	C74-C79-C80	121,0(3)	C78-C79-C80	120,3(3)
C79-C80-H80A	109,5	C79-C80-H80B	109,5	H80A-C80-H80B	109,5
C79-C80-H80C	109,5	H80A-C80-H80C	109,5	H80B-C80-H80C	109,5

Bindungslängen (siehe Tab. 2.5) stellen die Abstände zwischen zwei Atomen dar. Ein Bindungswinkel (Tab. 2.5) gibt bei drei verbundenen Atomen den Winkel am mittleren Atom an. Die im ersten Tabellenblock gelisteten Werte repräsentieren Bindungslängen, im darauf folgenden Block sind Bindungswinkel aufgeführt. Auch bei diesen Werten wird die Standardabweichung in Klammern angegeben. Bei Analyse der Tabelle fällt auf, dass bei allen Werten, in denen Wasserstoffatome vorkommen, keine Standardabweichungen angegeben wurden. Der Grund hierfür ist, dass die Wasserstoffatome gar nicht verfeinert wurden, sondern in Abhängigkeit der verfeinerten Nichtwasserstoffatome auf stereochemisch sinnvollen Positionen berechnet wurden. Zuweilen wird so verfahren, wenn das Kristallmaterial nicht optimal ist und man zu verfeinernde Parameter „sparen" möchte. Dies kann notwendig sein, wenn der untersuchte Kristall im Röntgen-strahl zu wenig streut. Dann findet man möglicherweise zu wenige beobachtete Reflexe, um eine hinreichende statistische Genauigkeit für die Strukturanalyse zu erzielen. Der Verzicht auf die Verfeinerung der Wasserstoffatome reduziert somit die Anzahl der Variablen in der Verfeinerung und sorgt für ein besseres Verhältnis von beobachteten Reflexen zu verfeinerten Reflexen. Mithilfe von Torsionswinkeln kann man sehr gut Konformationen bestimmen. Voraussetzung ist jedoch eine exakte Richtungsdefinition. Möchte man einen hypothetischen Torsionswinkel C1 – C2 – C3 – C4 analysieren, der in Abb. 2.22 als Newman-Projektion dargestellt ist, dann geht die Blickrichtung vom Null-punkt der Elementarzelle aus. Der angegebene Winkel gibt jeweils den Winkel um die mittlere Bindung, in diesem Fall C2 – C3, an. Weist die Bindung C3 – C4 nach rechts (im Uhrzeigersinn), erhält der Winkel einen positiven Wert. Falls diese Bindung jedoch nach links weist (gegen den Uhrzeigersinn), erhält der Win-kel ein negatives Vorzeichen.

Somit kann man der Torsionswinkeltabelle (Tab. 2.6) entnehmen, dass der Phenylring bestehend aus den Atomen C65 bis C70 (siehe Abb. 2.23) inner-halb der Standardabweichungen (Werte in Klammern) praktisch planar ist, da die entsprechenden Torsionswinkel zwischen 0 und 1 Grad liegen. Die drei Methoxygruppen am Phenylring sind laut Tabelle um 3 bis −74 Grad aus der Phenylringebene herausgedreht.

Um die aktuellen Tabellenwerte mit chemisch äquivalenten Bindungen und Winkeln aus der Literatur vergleichen und interpretieren zu können, existieren Sammlungen mit bekannten Werten, die bei zahlreichen früheren Kristallstruktur-analysen ermittelt wurden. Eine dieser Tabellenwerke entstammt den Inter-national Tables for X-Ray Crystallography (Allen 1995).

Abb. 2.22 Newman-Projektion zur Definition von Torsionswinkeln

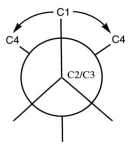

Tab. 2.6 Tabelle
selektierter Torsionswinkel
[°]

C70 – C65 – C66 – C67	−0,06 (0,33)
C65 – C66 – C67 – C68	−0,05 (0,32)
C66 – C67 – C68 – C69	0,63 (0,31)
C67 – C68 – C69 – C70	−1,09 (0,31)
C68 – C69 – C70 – C65	0,98 (0,32)
C62 – C63 – C64 – C65	171,84 (0,22)
C71 – O3 – C67 – C68	170,59 (0,20)
C71 – O3 – C67 – C66	−8,25 (0,32)
C72 – O4 – C68 – C67	110,46 (0,24)
C72 – O4 – C68 – C69	−74,72 (0,26)
C73 – O5 – C69 – C68	−175,09 (0,18)
C73 – O5 – C69 – C70	2,73 (0,29)

Kugel und Stab Modell Bei Abb. 2.23 erkennt man, dass zusätzlich zu dem Fullerenmolekül noch Toluol als Lösungsmitteleinschluss im Kristallgefüge vorkommt (Irngartinger Weber Oeser 1999). Zur Präparation geeigneter Kristalle wurde mehrfach aus Toluol kristallisiert. Offensichtlich wies das aus Fullerenmolekülen aufgebaute Kristallgitter genügend große Lücken auf, um darin Toluolmoleküle einschließen zu können.

Ellipsendarstellung Eine weitere Möglichkeit besteht darin die Nicht-Wasserstoffatome als (aufgeschnittene) Ellipsen darzustellen (Abb. 2.24). Hierbei werden die Auslenkungsparameter der Atome grafisch dargestellt.

Darstellung der Kristallpackung Außerdem lässt sich ein Teil der Kristallpackung in Form der Elementarzelle grafisch darstellen (Abb. 2.25)

2.2.12 Zwischenresümee

Die Methodik einer Kristallstrukturanalyse besteht in der Bestimmung der Elektronendichte im Kristall. Um diese zu ermitteln, werden Einkristalle mithilfe von Röntgenstrahlung untersucht, wobei Reflexe gemessen werden, die je nach Aufbau und Größe des gemessenen Kristalls sowie dessen Streukraft ein molekülspezifisches Beugungsmuster bilden.

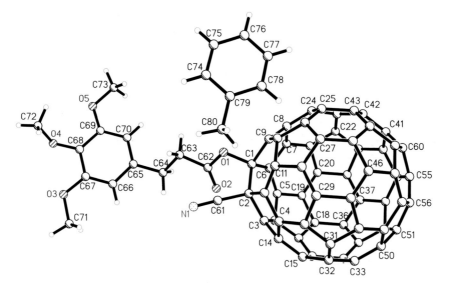

Abb. 2.23 Kugel-Stab-Modell mit Atombeschriftungen. Alle Wasserstoffatome sowie einzelne Atomlabel im Fullerenring wurden aus Gründen der Übersichtlichkeit weggelassen. Zeichnung wurde mit dem Programm XP aus der Bruker Suite (APEX3 2015) erstellt

Bei der sich anschließenden „Indizierung" der Reflexe werden den Beugungswerten Indices in Form von *hkl*-Werten zugeordnet, die unterschiedliche Intensitäten beziehungsweise Streuamplituden aufweisen. Nach Umrechnung in Strukturfaktoren wird mit diesen eine Strukturlösung durchgeführt, die dazu dient, eine vorläufige Elektronendichteverteilung in der Elementarzelle zu ermitteln. Den Elektronendichtemaxima werden Atome mit passender Elektronenzahl zugeordnet. Bindungen die zu einem Molekülmodell führen entstehen, wenn sich Atome näher beieinander befinden, als es der Summe ihrer Van-der-Waals-Radien entspricht.

Durch eine sich anschließende Strukturverfeinerung werden die gefundenen Modelle sukzessive verbessert. Das Ende der Verfeinerung ist erreicht, wenn man durch Veränderung der Parameter keine weitere Verkleinerung der Differenz von F_{obs} minus F_{calc} mehr erzielt. Ab diesem Zeitpunkt kann man davon ausgehen, dass das gefundene Modell bestmöglich mit den tatsächlich vorhandenen Molekülen übereinstimmt, von denen die beobachteten Strukturfaktoren stammen.

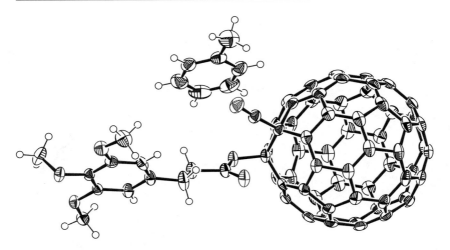

Abb. 2.24 Moleküldarstellung mit Ellipsen. Hierbei wurden die anisotropen thermischen Parameter der Atome grafisch dargestellt. Ein Ellipsoid beschreibt üblicherweise die Aufenthaltswahrscheinlichkeit des Elektronendichteschwerpunkts von 50% (erstellt mit ORTEP-3, Farrugia 2012)

2.3   Symmetrie

Bislang haben wir uns von Beugung der Röntgenstrahlung an Elektronen bis zu vollständig verfeinerten Molekülmodellen vorgearbeitet, aber auf dem Weg dahin wurden einige wichtige Aspekte noch nicht beschrieben beziehungsweise manche Begebenheiten als gegeben angenommen. Zusätzliche für das Verständnis relevante Punkte werden wir nun in den folgenden Kapiteln erarbeiten.

Der Titel dieses Unterkapitels könnte ebenso gut „Kristallgitter" lauten, da sich alle beschriebenen Unterkapitel auf Kristallgitter beziehen. Da aber der Begriff des Translationsgitters bereits im Abschn. 2.2.1 eingeführt wurde, wäre das Kapitel an dieser Stelle nicht vollständig erklärt. Im Gegenzug hat die namensgebende Symmetrie in jedem der folgenden Unterkapitel einen mehr oder weniger großen Anteil.

2.3.1   Kristallsysteme

In Translationsgittern unterscheiden wir **sieben Kristallsysteme** beziehungsweise Achsensysteme als symmetriebezogenes Klassifizierungsschema für kristalline Festkörper. In Tab. 2.7 sind die verschiedenen Kristallsysteme aufgelistet und wie sie sich in ihren Gitterkonstanten unterscheiden.

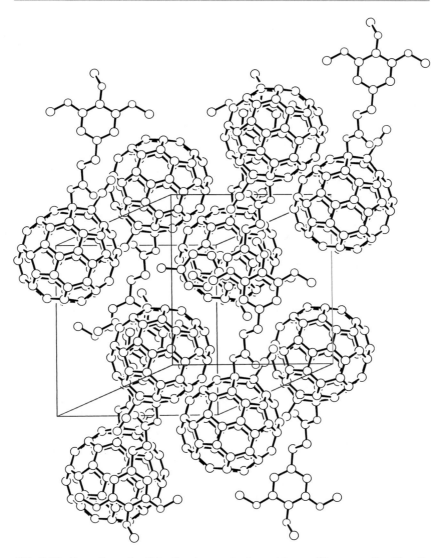

Abb. 2.25 Darstellung der Kristallpackung mit eingezeichneter Elementarzelle. (Erstellt mit ORTEP-3, Farrugia 2012)

Tab. 2.7 Die sieben Kristallsysteme

Triklin	$a \neq b \neq c$	$\alpha \neq \beta \neq \gamma$
Der Kristall weist weder Drehachsen noch Spiegelebenen auf		
Monoklin	$a \neq b \neq c$	$\alpha = \gamma = 90°; \beta \neq 90°$
Der Kristall weist nur eine zweizählige Drehachse und/oder eine Symmetrieebene auf		
Orthorhombisch	$a \neq b \neq c$	$\alpha = \beta = \gamma = 90°$
Tetragonal	$a = b \neq c$	$\alpha = \beta = \gamma = 90°$
Der Kristall weist eine einzige vierzählige Drehachse auf		
Trigonal rhomboedrisch	$a = b = c$ bzw. $a1 = a2 = a3$	$\alpha = \beta = \gamma \neq 90°$
Der Kristall weist eine dreizählige Drehachse auf, die gleichzeitig die Raumdiagonale ist. Es gibt die *obverse*-Aufstellung sowie nach Drehung der a- und c-Achse jeweils um 60° entsteht um die Raumdiagonale die *reverse* Aufstellung		
Hexagonal (sechszählige Symmetrie) und trigonal (dreizählige Symmetrie)	$a = b \neq c$ bzw. $a1 = a2 = a3 \neq c$	$\alpha = \beta = 90°; \gamma = 120°$
Der Kristall weist eine sechszählige Drehachse entlang der c-Achse auf		
Kubisch	$a = b = c$	$\alpha = \beta = \gamma = 90°$

Der Kristall hat mindestens zwei dreizählige Drehachsen

Grafisch aufgearbeitet sind die Kristallsysteme in Abb. 2.26 dargestellt.

Konventionsgemäß werden die Achsensysteme rechtshändig aufgestellt. Die Gitterkonstanten werden also, wie bereits in der Abb. 2.19 eingezeichnet, so dargestellt, dass ausgehend vom Ursprung der Elementarzelle – das ist der Nullpunkt – die a-Achse nach vorne zeigt, die b-Achse nach rechts verläuft und die c-Achse nach oben weist. Der Name rechtshändig legt nahe, dass die rechte Hand bei der Aufstellung eine entscheidende Hilfestellung gibt. Positioniert man Daumen (*a*-Achse), Zeigefinger (*b*-Achse) und Mittelfinger (*c*-Achse) senkrecht zueinander, dann kann in dieser Reihenfolge jede Elementarzelle aufgestellt werden (Abb. 2.27).

Im monoklinen Kristallsystem weisen zwei Winkel 90° auf und ein Winkel weicht davon ab. Als sogenannte Standardsetzung wird die Elementarzelle so aufgestellt, dass der β-Winkel von 90° abweicht, gleichzeitig werden die *a*- und *c*-Achse so gewählt, dass β größer als 90° wird. Man spricht hier auch von einer Aufstellung mit der Einheitsachse *b*.

Trigonale, hexagonale und tetragonale Kristallsysteme werden standardmäßig so aufgestellt, dass die *c*-Achse ausgezeichnet ist.

Primitiv
a ≠ b ≠ c
α ≠ β ≠ γ ≠ 90°
Monoklin
a ≠ b ≠ c
α = γ = 90° β ≠ 90°
Orthorhombisch
a ≠ b ≠ c
α = β = γ = 90°
Trigonal rhomboedrisch
α
a1
a3
a2
a = b = c
α = β = γ ≠ 90°
Hexagonal und Trigonal
c
c
a3
a2
a
a1
b
a = b ≠ c und a1 = a2 = a3 ≠ c
α = β = 90° γ = 120°
Tetragonal
a = b ≠ c
α = β = γ = 90°
Kubisch
a = b = c
α = β = γ = 90°

Abb. 2.26 Die sieben Kristallsysteme

▶ **Merke** Bei der Bestimmung der Gitterkonstanten im Verlauf einer Kristallstrukturanalyse erhält man durch die Metrik der Elementarzelle einen Hinweis auf das Kristallsystem.

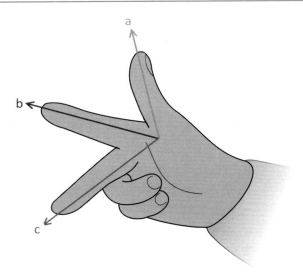

Abb. 2.27   Rechte-Hand-Regel: Anordnung der Kristallachsen in der Elementarzelle

2.3.2   Bravais-Gitter

Im Translationsgitter wird die Elementarzelle normalerweise so gewählt, dass die Achsen so kurz wie möglich und die Winkel so nahe wie möglich bei 90° beziehungsweise größer als 90° sind. Allerdings gibt es zumeist mehrere Möglichkeiten ein kleines repräsentatives Motiv zu wählen – nämlich die Elementarzelle – das durch seine Vervielfältigung ermöglicht, einen Kristall aufzubauen. In der Abb. 2.28 werden die Möglichkeiten zur Auswahl der Elementarzelle veranschaulicht.

Im Falle des primitiven Gitters sind vier mögliche Elementarzellen eingezeichnet. Unseren genannten Kriterien entsprechend wäre die Zelle Nummer 4 die korrekte Wahl. Im primitiven Gitter (P) besitzen alle Zellen das gleiche Volumen. Man wählt immer die Zelle im Kristallsystem mit der höchstmöglichen Symmetrie, zum Beispiel wenn orthogonale oder hexagonale Achsen vorhanden sind. Der Nullpunkt wird möglichst auf ein Symmetriezentrum gelegt.

Im zweiten Beispiel wird ein einseitig flächenzentriertes Gitter gezeigt, wobei entweder die A-, B- oder C-Fläche zentriert ist. Während die Zellen eins und zwei das gleiche Volumen aufweisen, ist die flächenzentrierte dritte Zelle doppelt so groß. Diese ist auch gleichzeitig die Zelle unserer Wahl, da man eine größere

Zelle dann auswählen muss, wenn diese eine höhere Symmetrie aufweist und gleichzeitig mindestens eine Zentrierung entsteht. Hierbei befindet sich dann ein Translationspunkt auf einer Flächenmitte. Im unteren dritten Beispiel ist ein innenzentriertes Gitter (I) dargestellt. Hier liegt eine Zentrierung exakt im Mittelpunkt der Elementarzelle vor.

Mit den zentrierten Gittern erhalten wir zusätzlich zu den sieben primitiven Gittern beziehungsweise Kristallsystemen noch sieben weitere zentrierte Gitter. Alle zusammen bilden die 14 **Bravais–Gitter.** Die verschiedenen Bravais-Gittertypen sind in der Tab. 2.8 zusammengefasst.

In manchen Kristallsystemen sind nur einige der möglichen Zentrierungen sinnvoll. Die Tab. 2.9 zeigt die passenden Zentrierungen. Beispielsweise macht eine B-Flächenzentrierung im monoklinen Kristallsystem wenig Sinn, da bereits die standardmäßig auf die b-Achse ausgezeichnete primitive Zelle eine monokline Symmetrie aufweist.

Zusammenfassung der Konventionen:

- Primitives Gitter falls möglich
- Die Symmetrie des Gitters muss vollständig beschrieben sein
- Rechtshändiges Achsensystem
- Winkel so nahe wie möglich bei 90°

Da die Elementarzellen experimentell ermittelt werden, muss sichergestellt sein, dass wir keine besser passende Zelle mit höherer Symmetrie übersehen haben. Zu diesem Zweck werden die ermittelten Zellen standardisiert, man erzeugt sogenannte **reduzierte Zellen.** Hierzu werden die Achsen in der Reihenfolge a $\leq$ b $\leq$ c aufgestellt und alle Winkel entweder $\leq$ 90° oder alle Winkel $\geq$ 90° gewählt. Ein angenehmer Nebeneffekt dieser Standardisierung ist die Möglichkeit die soeben bestimmten Zellen mit bereits in Datenbanken vorhandenen abzugleichen. Der Abgleich funktioniert erstaunlich gut, da die Gitterkonstanten jedes Kristalls oder auch jeder Kristallmodifikation extrem spezifisch sind.

▶ Falls man bei der Kristallvoruntersuchung in einer Datenbank eine identische reduzierte Zelle findet, kann man sich zumeist die nachfolgende Kristallstrukturbestimmung sparen, da die zugehörige Kristallstruktur höchstwahrscheinlich schon bekannt ist.

Kristallografische Datenbanken: Kristallstrukturdaten sind in verschiedenen Datenbanken abgelegt und online recherchierbar.

primitives Gitter: flächenzentriertes Gitter:

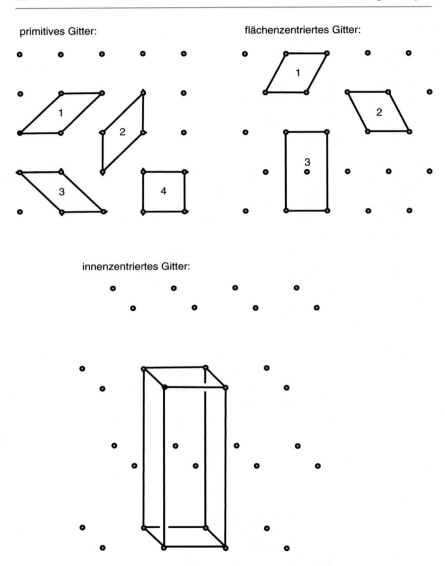

Abb. 2.28 Verschiedene Möglichkeiten eine Elementarzelle in einem Translationsgitter zu wählen. Aus Gründen der Übersichtlichkeit sind die Elementarzellen der beiden oberen Grafiken auf zwei Dimensionen beschränkt

Tab. 2.8 Bravais-Gittertypen

Bravais-Gittertyp	Volumen	Beschreibung
Primitiv: P	Einfach	
Einseitig flächenzentriert: A	Doppelt	Translationspunkt in Mitte der A-Fläche
Einseitig flächenzentriert: B	Doppelt	Translationspunkt in Mitte der B-Fläche
Einseitig flächenzentriert: C	Doppelt	Translationspunkt in Mitte der C-Fläche
Allseitig flächenzentriert: F	Vierfach	Translationspunkte in den Mitten der A-, B- und der C-Fläche
Innenzentriert: I	Doppelt	Translationspunkt im Zentrum der Elementarzelle

Die A-Fläche wird durch die b- und c-Achsen aufgespannt, die B-Fläche durch a- und c-Achsen, die C-Fläche infolgedessen durch die a- und b-Achsen

Tab. 2.9 Mögliche Bravais-Gitter in den Kristallsystemen

Kristallsystem	Bravais-Gittertyp
Triklin	P
Monoklin	P, C (I)
Orthorhombisch	P, C (A), I, F
Tetragonal	P, I
Trigonal/hexagonal	P, (R rhomboedrisch)/P
Kubisch	P, I, F

Für organische und metallorganische Moleküle existiert die *Cambridge Crystallographic Database* (CCDC). Anorganische Strukturen sind in der *Inorganic Crystal Structure Database* (ICSD) zu finden und eine Sammlung von Proteindaten umfasst die *RCSD Protein Data Bank* (PDB).

In den CCDC- und ICSD-Datenbanken sind auch die exakten Gitterkonstanten abgelegt, sodass diese mit denjenigen aus aktuellen eigenen Messungen verglichen werden können. Da Gitterkonstanten enorm kristallspezifisch sind, bedeuten bereits minimale Abweichungen zu Literaturwerten unterschiedliche Molekularstrukturen.

2.3.3 Raumgruppen

Anhand von **Raumgruppen** lässt sich der systematische räumliche Aufbau eines Kristalls beschreiben. Hierzu wird die korrekte Raumgruppe aus den gemessenen Reflexen mithilfe eines **Raumgruppentests** ermittelt. Von den insgesamt 230 vorhandenen Raumgruppen müssen für den Test nur die zum jeweiligen Kristallsystem passenden Raumgruppen berücksichtigt werden, was die Anzahl der möglichen Raumgruppen schon deutlich einschränkt. Anschließend sucht man nach **systematischen Auslöschungen.** In den International Tables for Crystallography (Int. Tab 1996) sind nicht nur alle 230 Raumgruppen detailliert beschrieben, sondern man findet dort auch Tabellen mit systematischen Auslöschungen, was eine rasche Zuordnung der korrekten Raumgruppe ermöglicht.

Systematische Auslöschungen: Bei den während einer Kristallstrukturanalyse gemessenen Reflexen werden logischerweise nur beobachtete Reflexe erfasst, also Reflexe, die unterschiedlich hohe, aber messbare Intensitäten aufweisen. Wir wissen aber aus dem Abschn. 2.2.4, dass bei destruktiver Interferenz keine messbare Intensität auftritt, und folglich auch kein messbarer Reflex entsteht.

Beim Vorliegen von Symmetrieelementen, die mit Translationsvektoren verbundenen sind, wie beispielsweise Schraubenachsen oder Gleitspiegelebenen, kommt es vor, dass bei bestimmten aufeinanderfolgenden Reflexen jeder zweite Index keine messbare Intensität aufweist und deshalb in der Reflexliste gar nicht auftaucht. Betrachtet man zum Beispiel alle Indices der Reihe h 0 0 und erkennt dabei, dass die Reflexe 1 0 0, 3 0 0, 5 0 0, ... Intensitäten aufweisen, aber für 2 0 0, 4 0 0, 6 0 0, ... keine Intensitäten messbar waren, dann spricht man von einer systematischen Auslöschung für h 0 0 mit $h = 2n$.

Bestimmte Symmetrieelemente bewirken somit das periodische „Fehlen" mancher Reflexe.

Fragen

7. Benennen Sie die Bedingung für die systematischen Auslöschungen anhand der Liste folgender Reflexe, bei denen jeweils die gemessenen Intensitäten mit Standardabweichungen (an vierter Stelle) angegeben sind:
0 1 0 537(3); 1 1 0 4(3); 2 1 0 1738(6); 3 1 0 fehlt in Liste; 4 1 0 299(2); 5 1 0 1(2); 6 1 0 5129(10); 1 2 0 455(4); 1 3 0 fehlt in Liste; 1 4 0 766(3); 2 2 0 3(2); 3 3 0 5(3); 3 2 0 6444(5); 4 3 0 8521(8).

Symmetrieelemente: Raumgruppen werden anhand des Kristallsystems (Tab. 2.7), des Gittertyps (Tab. 2.8) und des Vorliegens sowie in der Anordnung verschiedener **Symmetrieelemente** unterschieden.

Ein Symmetrieelement ist ein physikalisch definierbarer Punkt, eine Linie oder eine Ebene, auf den/die eine Symmetrieoperation angewendet werden kann. Eine Übersicht über alle möglichen Symmetrieelemente bietet die Tab. 2.10. Für jeden Einkristall gibt es eine spezifische Anzahl theoretisch messbarer Reflexe. Erkennt man im Beugungsbild beispielsweise eine Inversionssymmetrie, dann genügt für eine vollständige Strukturaufklärung bereits die Messung der Hälfte aller möglichen Reflexe. Der Vorteil wäre hierbei eine Halbierung der Gesamtmesszeit, im Vergleich zur Erfassung einer gesamten Ewaldkugel, was bei komplexeren Strukturen – Moleküle, die aus vielen Atomen bestehen und demzufolge viele Streuzentren (Elektronen) enthalten – oder trotz langer Bestrahlung schwach streuender Kristalle eine Ersparnis von mehreren Stunden bedeuten kann. Es darf nicht unerwähnt bleiben, dass die Messung einer kompletten Beugungssphäre oder die wiederholte Messung der selben Quadranten zu einer erhöhten Redundanz führt, was zu einer verbesserten statistischen Aussagekraft der gesamten Analyse führt.

Bei allen höher symmetrischen Kristallsystemen reicht die Erfassung eines Teilbereichs der gesamten Ewald-Sphäre, um ein vollständiges Beugungsmuster zu erhalten. In der Tab. 2.11 ist in der Rubrik „Fraktion" jener Bruchteil der Ewald-Sphäre angegeben, der mindestens zum Erhalt eines vollständigen Datensatzes erforderlich ist.

Falls in der Mitte der Elementarzelle ein Inversionszentrum vorliegt, wird ein irgendwo in der Elementarzelle befindliches Molekül, man spricht hier von einer **allgemeinen Lage,** an dem Punkt in der Zellmitte gespiegelt, sodass ein zweites „inverses Molekül" zusätzlich in der Elementarzelle generiert wird. Die Abb. 2.29 zeigt eine Elementarzelle, in der als einziges Symmetrieelement Inversionszentren vorkommen.

Es gibt auch Sonderfälle, in denen ein Molekül von seinem strukturellen Aufbau her inversionssymmetrisch ist und sich dieses molekulare Spiegelzentrum exakt auf einem kristallographischen Inversionszentrum der Raumgruppe befindet. Man spricht dann von einer **speziellen Lage** für die Position des Moleküls. Solche speziellen Lagen können bei allen nicht translationshaltigen Symmetrieelementen auftreten.

Drehachsen zählen wie auch Inversionszentren und die später erwähnten Spiegelebenen zu den **einfachen Symmetrieelementen** und verlaufen in

Tab. 2.10 Symmetrieelemente und deren grafische Symbole

Symmetrieelemente	Symbol	Erläuterung	Darstellung parallel oder senkrecht zur Zeichenebene
Inversionszentrum, Symmetriezentrum	$\bar{1}$		o
Zweizählige Drehachse	2	Drehung um 360/2 = 180 Grad im Uhrzeigersinn um die Achse	
Dreizählige Drehachse	3	Drehung um 360/3 = 120 Grad im Uhrzeigersinn um die Achse	
Vierzählige Drehachse	4	Drehung um 360/4 = 90 Grad im Uhrzeigersinn um die Achse	
Sechszählige Drehachse	6	Drehung um 360/6 = 60 Grad im Uhrzeigersinn um die Achse	
Spiegelebene	m	Spiegelung an einer Ebene	
Drehinversionsachse	$\bar{2} = m$	Drehung um 360/2 = 180 Grad im Uhrzeigersinn um die Achse und Inversion an Punkt auf der Achse	
Drehinversionsachsen	$\bar{3}\,\bar{4}\,\bar{6}$	Drehungen um 360/n Grad (n = 3, 4 oder 6) im Uhrzeigersinn um die Achse sowie Inversion	
Zweizählige Schraubenachse	2_1	Schraubenachsen n_p: Rechtshändige Drehung um 360/n Grad um eine Achse mit gleichzeitiger Verschiebung um p/n parallel zur Achse	
Dreizählige Schraubenachse	$3_1\,3_2$		
Vierzählige Schraubenachse	$4_1\,4_2\,4_3$		
Sechszählige Schraubenachse	$6_1\,6_2\,6_3$ $6_4\,6_5$		

(Fortsetzung)

Tab. 2.10 (Fortsetzung)

Symmetrieelemente	Symbol	Erläuterung	Darstellung parallel oder senkrecht zur Zeichenebene
Axiale Gleitspiegelebenen	a b c	Spiegelung an einer Ebene mit Verschiebungs-/ Gleitungsvektor a/2, b/2 oder c/2	⌐ ┆
Diagonale Gleitspiegelebene	n	Spiegelung an einer Ebene und diagonaler Gleitvektor ½(a+b), ½(a+c) oder ½(b+c)	↘ ┆
Diamantgleitspiegelebene	d	Spiegelung an einer Ebene und Gleitvektor ¼(a±b), ¼(a±c) oder ¼(b±c)	3/8 ↘

Elementarzellen immer parallel zu einer Kristallachse. Je nach Zähligkeit n wird ein Molekül formal um 360/n Grad um eine Drehachse gedreht. Am Endpunkt der Drehung befindet sich dann ein identisches Molekül. Bei einer dreizähligen Drehachse (3) mit $n = 3$ befinden sich demzufolge jeweils um 120 Grad um die Achse gedreht drei identische Moleküle, wobei die dritte Drehung das Molekül wieder auf seine Ausgangsposition abbildet.

Fünf-, sieben- und achtzählige Drehachsen kommen nicht vor. Da sich die daraus entstehende Symmetrie immer auch im Aufbau des Translationsgitters widerspiegelt wäre bei solchen Gittern eine lückenlose Raumerfüllung nicht möglich.

Weitere einfache Symmetrieelemente sind Spiegelebenen, die parallel zu Flächen der Elementarzelle verlaufen. Die Flächen werden jeweils durch zwei Kristallachsen aufgespannt. Wie der Name schon sagt, kommen beim Vorliegen einer Spiegelebene in der Elementarzelle zwei Moleküle vor, die sich wie Bild und Spiegelbild verhalten. Im Falle von chiralen Molekülen sind die beiden Moleküle zueinander enantiomer.

Die drei Typen bisher besprochener Symmetrieelemente stellen einfache Elemente dar. Darüber hinaus gibt es noch **gekoppelte Symmetrieelemente.** Diese bestehen immer aus zwei Symmetrieelementen, die nur zusammen in einer Art konzertierten Aktion angewendet zur Bildung neuer symmetrieäquivalenter Moleküle führen. Typische Vertreter sind die Drehinversionsachsen $\bar{2}$ (sprich „Zwei quer"), $\bar{3}, \bar{4}$ oder $\bar{6}$, also Kombinationen aus Drehachsen und Inversionszentren.

Tab. 2.11 Liste der Laue-Gruppen, Punktgruppen und Raumgruppen in Standard-Setzungen

Kristall-system	Laue-Gruppe	Punkt-gruppe	Raumgruppen				Fraktion[a]
Triklin	1	1	P1				1/2
		$\bar{1}$	P$\bar{1}$				
Monoklin	2/m	2	P2	P2$_1$	C2		1/4
		m	Pm	Pc	Cm	Cc	
		2/m	P2/m	P2$_1$/m	C2/m	P2/c	
			P2$_1$/c	C2/c			
Ortho-rhombisch	mmm	222	P222	P222$_1$	P2$_1$2$_1$2	P2$_1$2$_1$2$_1$	1/8
			C222$_1$	C222	F222	I222	
			I2$_1$2$_1$2$_1$				
		mm2	Pmm2	Pmc2$_1$	Pcc2	Pma2	
			Pca2$_1$	Pnc2	Pmn2$_1$	Pba2	
			Pna2$_1$	Pnn2	Cmm2	Cmc2$_1$	
			Ccc2	Amm2	Abm2	Ama2	
			Aba2	Fmm2	Fdd2	Imm2	
			Iba2	Ima2			
		mmm	Pmmm	Pnnn	Pccm	Pban	
			Pmma	Pnna	Pmna	Pcca	
			Pbam	Pccn	Pbcm	Pnnm	
			Pmmn	Pbcn	Pbca	Pnma	
			Cmcm	Cmca	Cmmm	Cccm	
			Cmma	Ccca	Fmmm	Fddd	
			Immm	Ibam	Ibca	Imma	

(Fortsetzung)

Tab. 2.11 (Fortsetzung)

Kristall-system	Laue-Gruppe	Punkt-gruppe	Raumgruppen				Fraktion[a]
Tetragonal	4/m	4	P4	$P4_1$	$P4_2$	$P4_3$	1/8
			I4	$I4_1$			
		$\bar{4}$	$P\bar{4}$	$I\bar{4}$			
		4/m	P4/m	$P4_2$/m	P4/n	$P4_2$/n	
			I4/m	$I4_1$/a			
	4/mmm	422	P422	$P42_12$	$P4_122$	$P4_12_12$	1/16
			$P4_222$	$P4_22_12$	$P4_322$	$P4_32_12$	
			I422	$I4_122$			
		4mm	P4mm	P4bm	$P4_2$cm	$P4_2$nm	
			P4cc	P4nc	$P4_2$mc	$P4_2$bc	
			I4mm	I4cm	$I4_1$md	$I4_1$cd	
		$\bar{4}$2m	$P\bar{4}$2m	$P\bar{4}$2c	$P\bar{4}2_1$m	$P\bar{4}2_1$c	
			$P\bar{4}$m2	$P\bar{4}$c2	$P\bar{4}$b2	$P\bar{4}$n2	
			$I\bar{4}$m2	$I\bar{4}$c2	$I\bar{4}$2m	$I\bar{4}$2d	
		4/mmm	P4/mmm	P4/mcc	P4/nbm	P4/nnc	
			P4/mbm	P4/mnc	P4/nmm	P4/ncc	
			$P4_2$/mmc	$P4_2$/mcm	$P4_2$/nbc	$P4_2$/nnm	
			$P4_2$/mbc	$P4_2$/mnm	$P4_2$/nmc	$P4_2$/ncm	
			I4/mmm	I4/mcm	$I4_1$/amd	$I4_1$/acd	
Trigonal	3	3	P3	$P3_1$	$P3_2$	R3	1/6
		$\bar{3}$	$P\bar{3}$	$R\bar{3}$			
	$\bar{3}$m	32	P312	P321	$P3_112$	$P3_121$	1/12
			$P3_212$	$P3_221$	R32		
		3m	P3m1	P31m	P3c1	P31c	
			R3m	R3c			
		$\bar{3}$m	$P\bar{3}$1m	$P\bar{3}$1c	$P\bar{3}$m1	$P\bar{3}$c1	
			$R\bar{3}$m	$R\bar{3}$c			

(Fortsetzung)

Tab. 2.11 (Fortsetzung)

Kristall-system	Laue-Gruppe	Punkt-gruppe	Raumgruppen				Fraktion[a]
Hexagonal	6/m	6	P6	$P6_1$	$P6_5$	$P6_2$	1/12
			$P6_4$	$P6_3$			
		$\bar{6}$	$P\bar{6}$				
		6/m	P6/m	$P6_3/m$			
	6/mmm	622	P622	$P6_1 22$	$P6_5 22$	$P6_2 22$	1/24
			$P6_4 22$	$P6_3 22$			
		6mm	P6mm	P6cc	$P6_3 cm$	$P6_3 mc$	
		$\bar{6}m2$	$P\bar{6}m2$	$P\bar{6}c2$	$P\bar{6}2m$	$P\bar{6}2c$	
		6/mmm	P6/mmm	P6/mcc	$P6_3/mcm$	$P6_3/mmc$	
Kubisch	$m\bar{3}$	23	P23	F23	I23	$P2_1 3$	1/24
			$I2_1 3$				
		$m\bar{3}$	$Pm\bar{3}$	$Pn\bar{3}$	$Fm\bar{3}$	$Fd\bar{3}$	
			$Im\bar{3}$	$Pa\bar{3}$	$Ia\bar{3}$		
	$m\bar{3}m$	432	P432	$P4_2 32$	F432	$F4_1 32$	1/48
			I432	$P4_3 32$	$P4_1 32$	$I4_1 32$	
		$\bar{4}3m$	$P\bar{4}3m$	$F\bar{4}3m$	$I\bar{4}3m$	$P\bar{4}3n$	
			$F\bar{4}3c$	$I\bar{4}3d$			
		$m\bar{3}m$	$Pm\bar{3}m$	$Pn\bar{3}n$	$Pm\bar{3}n$	$Pn\bar{3}m$	
			$Fm\bar{3}m$	$Fm\bar{3}c$	$Fd\bar{3}m$	$Fd\bar{3}c$	
			$Im\bar{3}m$	$Ia\bar{3}d$			

[a]Jener Teil der Ewald Sphäre, der ausreicht um ein komplettes Beugungsbild zu erhalten

Sie zeichnen sich dadurch aus, dass an der nach Anwendung des ersten Symmetrieelementes generierten Position gar kein Molekül vorkommt, sondern dass auf die Position dieses virtuellen Moleküls unmittelbar das zweite Symmetrieelement angewendet wird. Die Anwendung der beiden Symmetrieelemente einer Drehinversionsachse auf ein Molekül führt somit nicht zur Bildung von zwei zusätzlichen Molekülen, sondern nur zur Bildung eines weiteren.

Fügt man einem einfachen Symmetrieelement noch eine Verschiebung beziehungsweise eine Translation hinzu, dann entstehen ebenfalls gekoppelte

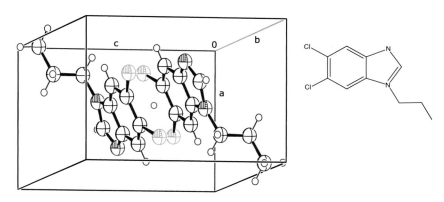

Abb. 2.29 Darstellung einer Elementarzelle mit der Raumgruppe $P\bar{1}$, die als Symmetrieelemente ausschließlich Inversionszentren enthält. Die Moleküle befinden sich punktsymmetrisch zueinander in der Elementarzelle auf allgemeinen Lagen

Symmetrieelemente wie beispielsweise Schraubenachsen und Gleitspiegelebenen. Schraubenachsen stellen eine Kombination von Drehung und Verschiebung/Translation dar. Die Drehung erfolgt um eine Achse, die parallel zu einer Kristallachse verläuft, und zusätzlich findet entlang dieser Achse die Verschiebung statt. Im Ergebnis entsteht eine Kopie des Ursprungsmoleküls durch eine schraubenartige Drehung. Das zweite Molekül existiert dann nicht etwa an der gedrehten Position, sondern nur an der zusätzlich verschobenen Lage (siehe Abb. 2.30). Bei einer Gleitspiegelebene findet analog zu einfachen Spiegelebenen eine spiegelbildliche Abbildung statt, die gleichzeitig mit einer Verschiebung innerhalb der Ebene einhergeht (Abb. 2.31).

Außer den bisher vorgestellten Symmetrieelementen gibt es noch sogenannte **kombinierte Symmetrieelemente.** Diese bestehen aus jeweils zwei Symmetrieelementen, die senkrecht zueinanderstehen. Das können einfache oder gekoppelte Symmetrieelemente sein. Beispiele hierfür sind 2/m, 2_1/c oder 4_2/m. Eine derartige senkrechte Kombination zweier Symmetrieelemente führt zur Bildung eines Inversionszentrums, was man in der Abb. 2.32 erkennen kann.

▶ **Vorsicht** Verläuft eine zweizählige Achse parallel zu oder innerhalb einer Spiegelebene, dann entsteht hierbei kein zusätzliches Symmetrieelement. Man kann in diesem Fall nicht von kombinierten Symmetrieelementen sprechen.

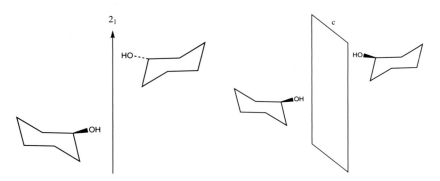

Abb. 2.30 links: Beispiel für eine zweizählige Schraubenachse 2_1

Abb. 2.31 rechts: Gleitspiegelebene c, bei dem das zweite Molekül durch die Kopplung einer Spiegelung und einer Translation parallel zur Spiegelebene gebildet wird

Fragen

8. Zu welcher Kategorie an Symmetrieelementen zählt $6_3/m$? Gibt es hier eine Besonderheit?
9. Gibt es eine besondere Konstellation, wenn zwei zweizählige Achsen sich senkrecht zueinander schneiden?

Punktgruppen: Eine Punktgruppe ist eine Gruppe von Symmetrieoperationen, die mindestens einen Punkt (zum Beispiel ein Inversionszentrum oder eine Gruppe von Symmetrieelementen) im Gitter in seiner Position unverändert lassen. Deswegen sind hier alle eine Translation beinhaltenden Symmetrieoperationen ausgeschlossen.

Kombiniert man die einfachen und gekoppelten Symmetrieelemente (diese aber ohne Translationskomponente), dann ergeben sich 32 unterschiedliche Möglichkeiten der Anordnung im dreidimensionalen Raum, entsprechend den 32 kristallografischen Punktgruppen.

Wenn man ausgehend von Raumgruppen im Umkehrverfahren alle Schraubenachsen auf Drehachsen reduziert und alle Gleitspiegelebenen auf einfache Spiegelebenen, dann bleiben von den 230 möglichen Raumgruppen nur noch die 32 Punktgruppen übrig (Tab. 2.11). Beispielsweise gehört die Raumgruppe $P4_2/n$ zur Punktgruppe $4/m$.

Die gängige Notation ist nach Schoenflies.

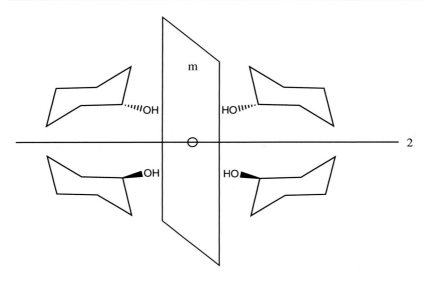

Abb. 2.32 Kombination einer zweizähligen Drehachse mit einer Spiegelebene, wobei die beiden Symmetrieelemente senkrecht zueinanderstehen. Durch die Kombination entsteht im Schnittpunkt der beiden Symmetrieelemente ein Inversionszentrum

Schoenflies-Notation: Die Schoenflies-Notation ist nach dem deutschen Mathematiker Arthur Moritz Schoenflies benannt und wird verwendet, um Punktgruppen zu beschreiben. Um hingegen Raumgruppen im Kristallgitter zu beschreiben, wird die internationale **Hermann-Mauguin-Notation** verwendet. Da im Schoenflies-Symbol keine Informationen über translationsbehaftete Symmetrieelemente vorhanden sind, kann es nicht zur vollständigen Beschreibung von Raumgruppen herangezogen werden.

Mit der Schoenflies-Konvention wird die Symmetrie eines Moleküls beschrieben. Hierfür verwendete Symmetrieelemente sind Inversionszentren (i), n-zählige Drehachsen (C_n, C steht für cyclisch), vertikale oder horizontale Spiegelebenen (σ_v oder σ_h) und n-zählige Drehspiegelachsen (S_n, S steht für Spiegel). Kombinationen sind ebenfalls möglich. C_{nh} ist eine senkrecht zu einer n-zähligen Drehachse angeordnete Spiegelebene. Die Gruppe C_{nv} hat eine Spiegelebene, die auch eine Drehachse enthält. Die Punktgruppen D_n enthalten neben der n-zähligen Drehachse eine oder mehrere zweizählige Achsen senkrecht dazu. D_{nh} sind Gruppen höchster Symmetrie und haben zusätzlich zu D_n eine

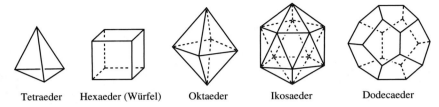

Tetraeder   Hexaeder (Würfel)   Oktaeder   Ikosaeder   Dodecaeder

Abb. 2.33 Platonische Körper. Benannt nach dem griechischen Philosophen Platon sind das Körper größtmöglicher Symmetrie, die von zueinander kongruenten regelmäßigen Vielecken begrenzt werden

horizontale Spiegelebene sowie n senkrechte Spiegelebenen, welche die n-zählige Achse und eine der zweizähligen Achsen enthalten. D_{nd} besitzt zusätzlich zu D_n n vertikale Spiegelebenen, welche die Winkel zwischen den zweizähligen Achsen halbieren (= diagonal verlaufen). T_d besitzt eine Tetraedersymmetrie (drei- und zweizählige Achsen) mit diagonalen Spiegelebenen. Zeichnungen solcher und im Anschluss erwähnter platonischer Körper werden in Abb. 2.33 gezeigt. O_h (Oktaeder) besitzt die Drehachsen eines Oktaeders oder Kubus (drei vierzählige Achsen, vier dreizählige Achsen sowie sechs diagonale zweizählige Achsen) und beinhaltet zusätzlich horizontale Spiegelebenen (sowie konsequenterweise auch vertikale Spiegelebenen). I_h (Ikosaeder) hat ikosaedrische Drehachsen (sechs fünfzählige Achsen, zehn dreizählige Achsen sowie fünfzehn zweizählige Achsen), horizontale Spiegelebenen und ein Inversionszentrum.

Hermann-Mauguin-Symbolik: Benannt nach den beiden Kristallographen Carl Hermann (deutscher Physiker) und Charles-Victor Mauguin (französischer Mineraloge), ist deren Hauptanwendungsgebiet die Beschreibung der 32 kristallographischen Punktgruppen sowie der 230 kristallographischen Raumgruppen. Die hierbei verwendeten Symmetrieelemente sind in der Tab. 2.10 ausführlich beschrieben. Die Symbolik besteht aus den Raumgruppensymbolen inklusive Bravais-Gittertypen.

Laue Klassen: In der Praxis findet man unabhängig von der Kristallsymmetrie in jedem Beugungsbild ein Inversionszentrum. Bekannt ist dieses Verhalten durch das bereits besprochene Friedel-Gesetz (Formel 2.12) – hier gibt es demzufolge zentrosymmetrische Reflexe auch bei nicht-zentrosymmetrischen Raumgruppen.

Unabhängig von der Symmetrie der Kristallklasse kommt somit immer ein Inversionszentrum hinzu. In der Praxis gehört die Punktgruppe „2" durch Kombination mit einem Inversionszentrum immer zur Laue Klasse „2/m". Das Gleiche erfolgt durch Kombination von „m" mit „$\bar{1}$". Somit sind die Punktgruppen „2", „m" und „2/m" im Beugungsbild nicht unterscheidbar. Aus diesem Grund lassen sich die 32 Punktgruppen zu nur 11 Laue-Gruppen zusammenfassen (Tab. 2.11).

Raumgruppensymbole: In den International Tables for Crystallography Volume A ist jede der 230 möglichen Raumgruppen ausführlich in Bildern und Text repräsentiert. Die Raumgruppen sind hier primär nach zunehmender Symmetrie sortiert und dann nach der Anzahl an Symmetrieelementen, wobei Spiegelebenen und Gleitspiegelebenen immer vor Drehachsen und Schraubenachsen kommen. Entsprechend dieser Reihenfolge sind die Raumgruppen durchnummeriert. Folgerichtig ist die trikline Raumgruppe P1, die keine Symmetrieelemente besitzt, auch die Erste in der Liste. Die zweite Raumgruppe ist $P\bar{1}$, mit gleichfalls triklinem Kristallsystem, aber noch einem Inversionszentrum als zusätzlichem Symmetrieelement. Einen Auszug der Raumgruppe Nr. 14 (P2$_1$/c) aus den International Tables Vol. A ist in der Abb. 2.34 zu finden.

1. Links oben steht bei jeder Raumgruppe das Hermann-Mauguin-Symbol. Es beginnt mit dem Bravais-Gittertyp, auf den die Symmetrieelemente folgen. Zu diesem Hermann-Mauguin-Symbol muss jedoch vermerkt werden, dass nicht zwangsläufig alle in der Raumgruppe vorhandenen Symmetrieelemente im Symbol aufgeführt werden, sondern nur die für die Herleitung der kompletten Symmetrie hinreichenden Elemente.
2. Das Schoenflies-Symbol (siehe vorangegangene Beschreibung) entspricht einer älteren Notation und bezieht sich auf die Punktgruppe. Im vorliegenden Fall wird eine zweizählige Drehachse mit hierzu senkrechter (horizontal verlaufender) Spiegelebene beschrieben. Das Superskript 5 entspricht einer fortlaufenden Nummerierung innerhalb der vorhandenen Punktgruppe (2/m). Folglich ist die Raumgruppe P2$_1$/c die fünfte Raumgruppe innerhalb der Punktgruppe 2/m (siehe Tab. 2.11).
3. Hier wird die Punktgruppe 2/m angezeigt.
4. Es liegt ein monoklines Kristallsystem vor.
5. P2$_1$/c ist die 14. Raumgruppe in der nach steigender Symmetrie nummerierten Liste der 230 unterschiedlichen Raumgruppen.

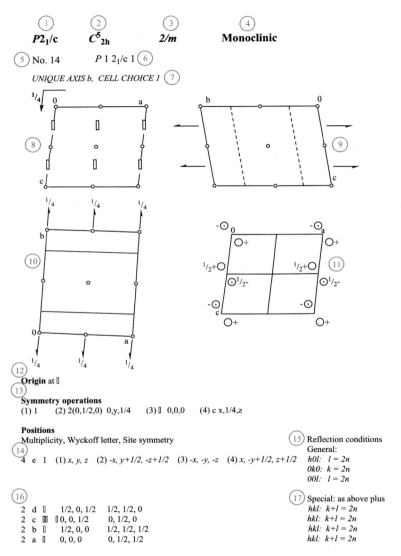

① $P2_1/c$　② C^5_{2h}　③ $2/m$　④ **Monoclinic**

⑤ No. 14　　$P\,1\,2_1/c\,1$ ⑥

UNIQUE AXIS b, CELL CHOICE 1 ⑦

⑬ **Origin** at Ī

Symmetry operations

(1) 1　(2) 2(0,1/2,0) 0,y,1/4　(3) Ī 0,0,0　(4) c x,1/4,z

Positions

⑭ Multiplicity, Wyckoff letter, Site symmetry

4　e　1　(1) x, y, z　(2) -x, y+1/2, -z+1/2　(3) -x, -y, -z　(4) x, -y+1/2, z+1/2

⑮ Reflection conditions

General:

$h0l$:　$l = 2n$
$0k0$:　$k = 2n$
$00l$:　$l = 2n$

⑯

2	d	Ī	1/2, 0, 1/2	1/2, 1/2, 0
2	c	Ī	0, 0, 1/2	0, 1/2, 0
2	b	Ī	1/2, 0, 0	1/2, 1/2, 1/2
2	a	Ī	0, 0, 0	0, 1/2, 1/2

⑰ Special: as above plus

hkl:　$k+l = 2n$
hkl:　$k+l = 2n$
hkl:　$k+l = 2n$
hkl:　$k+l = 2n$

Abb. 2.34 Ausschnittsweise Abbildung der Raumgruppe $P2_1/c$ aus den International Tables For Crystallography Vol. A in der Standardsetzung mit *b* als Einheitsachse. (International Union of Crystallography by Kluwer Academic Publishers: International Tables for Crystallography Vol. A, Space-Group Symmetry)

6. In Ergänzung zu Punkt 1 wird zu jeder Raumgruppe in den International Tables auch das „vollständige Hermann-Mauguin-Symbol" zusätzlich gelistet. Für die orthorhombische Raumgruppe Pbca (Nr. 61) wäre beispielsweise das vollständige Symbol „P 2_1/b 2_1/c 2_1/a". Im abgebildeten Beispiel wäre es „P 1 2_1/c 1". Dabei entsprechen die Symmetrieelemente hinter dem Bravais-Gittertyp den Kristallachsen a, b und c. Folglich verläuft die 1 (einzählige Drehachse 360°/1) parallel zur a-Achse sowie eine weitere parallel zur c-Achse. Die Schraubenachse aus dem kombinierten Symmetrieelement 2_1/c verläuft parallel zur b-Achse, was auch in der Elementarzellenprojektion mit der Bildmarkierung Nr. 9 anhand der Lage der Halbpfeile leicht erkennbar ist.

7. Die hier gelistete Aufstellung entspricht der „Standardsetzung" (Cell Choice 1) mit der Einheitsachse b. Daraus kann man ableiten, dass auch andere Aufstellungen der Elementarzelle möglich sind, wobei dann entweder die a- oder die c-Achse ausgezeichnet sind.

8. Grafische Darstellung der Elementarzelle mit jener Fläche in der Zeichenebene, die durch die a- und c-Achsen aufgespannt wird, mit eingezeichneten Symmetrieelementen. Senkrecht zur Zeichenebene verläuft die b-Achse auf den Betrachter zu. Grafische Symbole für Inversionszentren, Schraubenachsen sowie Gleitspiegelebenen sind an den tatsächlichen Positionen eingezeichnet. Eine Gleitspiegelebene verläuft dementsprechend parallel zur Zeichenebene mit einem „Höhenversatz" um eine Viertel Länge der b-Achse.

9. In dieser grafischen Darstellung der bc-Ebene sind wiederum die grafischen Symbole für Inversionszentren, senkrechte Gleitspiegelebenen und horizontale Schraubenachsen eingezeichnet.

10. In der Ansicht der ab-Fläche sind senkrecht verlaufene Gleitspiegelebenen, Inversionszentren und zur b-Achse parallel verlaufende Schraubenachsen mit einem Viertel Versatz zur Zeichenebene.

11. Darstellung der Fläche B mit Charakterisierung der Moleküllagen durch Symbole: Kreise symbolisieren die ursprüngliche Position, ein Kreis mit einem Komma in der Mitte ist ein dazu enantiomorphes Molekül, das heißt, es ist per Inversion, Drehinversion oder Spiegelung aus dem ursprünglichen Molekül entstanden. Befindet sich ein „+"-Zeichen neben dem Kreis, liegt das Molekül oberhalb der Zeichenebene, bei einem „–"-Zeichen entsprechend darunter. Befindet sich auch noch eine rationale Zahl daneben, wie beispielsweise „$1/2$+", dann liegt das Molekül in diesem Fall um eine halbe Achslänge auf der senkrecht zur Zeichenebene verlaufenden Achse versetzt oberhalb der Ebene. Allerdings repräsentieren die Kreise nicht die exakten xyz-Positionen der Moleküle, sondern zeigen nur ein Vorhandensein

des Moleküls in dem entsprechenden Quadranten der Elementarzelle an. Zu diesem Zweck wurde die Abbildung unter Punkt 11 in vier Segmente aufgeteilt. In dieser Darstellung sind *keine* Symmetrieelemente eingezeichnet.

12. Der Ursprung der Elementarzelle (der Nullpunkt) wird, falls verfügbar, bevorzugt auf ein Inversionszentrum gelegt.

13. Hier werden die Lagen aller vorhandenen unterschiedlichen Symmetrieoperationen in Textform angegeben:

    1. 1: existiert in jeder Raumgruppe, auch wenn wie bei P1 gar kein Symmetrieelement vorkommt.

    2. $2(0,\tfrac{1}{2},0)$ $0,y,\tfrac{1}{4}$: zweizählige Schraubenachse mit Translation in Richtung der b-Achse um ½. Verlauf parallel zur b-Achse mit „Versatz" in Richtung der c-Achse um ¼ Achslänge.

    3. $\bar{1}$ 0,0,0: Inversionszentrum auf dem Ursprung.

    4. c $x,\tfrac{1}{4},z$: c-Gleitspiegelebene parallel zur ac-Ebene mit „Höhenversatz" um ¼ in Richtung der b-Achse.

14. Die **Wyckoff-Position** oder Punktlage klassifiziert alle Punkte einer Elementarzelle. Der Name ist auf den amerikanischen Kristallographen Ralph Walter Graystone Wyckoff zurückzuführen und besagt, dass jeder Punkt einer Elementarzelle durch ein Symmetrieelement der Raumgruppe auf einem symmetrieäquivalenten Punkt abgebildet wird. Hierbei unterscheidet man zwischen allgemeinen und speziellen Lagen (Erklärung siehe weiter vorne im Text). Unter diesem Punkt werden zuerst die allgemeine Lage und dann gegebenenfalls eine oder mehrere spezielle Lagen (Punkt 16) gelistet. Die Anzahl zueinander symmetrischer Punkte wird Multiplizität genannt. Da auf speziellen Lagen ein Punkt auf sich selbst abgebildet wird, halbiert sich die Multiplizität. Die gelisteten kleinen lateinischen Buchstaben heißen Wyckoff-Symbole und werden aufsteigend sortiert, wobei mit a die höchstsymmetrische spezielle Lage bezeichnet wird.

Bei der „site symmetry" werden die Koordinatenoperationen gelistet, die auf alle Punktlagen angewendet werden, um die Wykoff- beziehungsweise die symmetrieerzeugte Position zu erzeugen.

15. An dieser Stelle sind die Bedingungen für systematisch ausgelöschte Reflexe angegeben.

16. Hier findet man die Multiplizitäten und Positionen der speziellen Lagen sowie die dafür „verantwortlichen Symmetrieelemente".

17. Falls Atome sich auf speziellen Lagen befinden, kann man das am Auftreten dieser zusätzlichen systematischen Auslöschungen erkennen.

In der Tab. 2.11 sind alle 230 Raumgruppen gelistet.

Die asymmetrische Einheit: Die asymmetrische Einheit entspricht der geringst-möglichen Zahl an Atomen, die ausreicht, um anhand der vorhandenen Symmetrieelemente den Inhalt der Elementarzelle komplett zu erzeugen. Hierzu wird die asymmetrische Einheit, auch unabhängige Einheit genannt, durch Symmetrieoperationen vervielfacht. Mit dem Inhalt der asymmetrischen Einheit lässt sich demzufolge die Kristallstruktur beziehungsweise der Aufbau des Gesamtkristalls beschreiben. Normalerweise besteht die asymmetrische Einheit aus einem vollständigen Molekül.

Befindet sich ein Molekül jedoch auf einer speziellen Lage, dann besteht die asymmetrische Einheit nur aus einem halben Molekül (oder noch weniger). Nehmen wir beispielsweise Cyclohexan. Liegt dieses in idealer Sesselform vor, dann verläuft intramolekular eine zweizählige Drehachse durch die Atome C1 und C4, den „Spitzen" des Sessels. Falls kristallisiertes Cyclohexan in einer Raumgruppe vorliegt, die eine zweizählige Drehachse aufweist, und die intramolekulare Symmetrieachse exakt auf der kristallografischen Achse verläuft, dann besteht die asymmetrische Einheit nur aus einem halben Cyclohexanmolekül.

Streng genommen gehören aber beide auf der Drehachse befindlichen Kohlenstoffatome C1 und C4 zur asymmetrischen Einheit, allerdings jeweils nur mit einem **Belegungsfaktor** von 0,5, das entspricht jeweils nur der halben Elektronenzahl eines Kohlenstoffatoms. Man könnte auch sagen, die jeweils zweite „Atomhälfte" wird bei diesen beiden Atomen aus der ersten Hälfte erzeugt.

Spezielle Lagen: Atome werden auf besondere Weise behandelt, wenn sie sich auf speziellen Lagen befinden. Im vorangehenden Abschnitt wurde bereits auf die Halbierung von Belegungsfaktoren hingewiesen, sofern Atome sich auf speziellen Lagen befinden. Die Belegungsfaktoren sind bei der Strukturverfeinerung von entscheidender Bedeutung. Bei einer Verfeinerung können spezielle Lagen zur Verminderung der Anzahl an zu verfeinernden Parametern führen. Stellt sich bei der Strukturlösung heraus, dass ein Atom auf einer speziellen Lage liegt, dann muss es auch exakt darauf positioniert sein. Das heißt der entsprechende Richtungsparameter der Atomkoordinaten (siehe Abschn. 2.2.11) ist ebenso wie die dieser Richtung entsprechenden thermischen Parameter auf die ermittelten spezifischen Werte fixiert und wird nicht verfeinert. Verläuft beispielsweise eine Spiegelebene in der Ebene, die durch die a- und c-Achse gebildet wird und ein Atom befindet sich genau auf dieser Ebene, dann wird dessen y-Koordinate (b-Richtung) nicht verfeinert.

Fragen

10. Wie groß wäre der Wert von Z in der Raumgruppe Pm (Nr. 6)?
11. Wie groß wäre der Wert von Z in der Raumgruppe Cm (Nr. 8)?
12. Wie muss ein Molekül aufgebaut sein, damit es sich in der Elementarzelle auf der Position eines Inversionszentrums befinden kann?
13. Können sich Moleküle in den monoklinen Raumgruppen P1 (Nr. 1), P2 (Nr. 3) oder P2₁ (Nr. 4) auf speziellen Lagen befinden?
14. Können sich Moleküle gleichzeitig auf zwei unterschiedlichen Symmetrieelementen befinden?
15. Was bedeutet es für den Wert von Z, wenn sich in der Raumgruppe Pm (Nr. 6) ein Molekül auf der Spiegelebene befindet?
16. Wenn ein Molekül im Kristall auf einer Spiegelebene liegt, könnte das Auswirkungen auf die Anzahl der zu verfeinernden Parameter haben?

2.3.4 Zusammenfassung

Mit dem vorliegenden Kapitel haben wir eine Einführung in die Kristallstrukturanalyse erhalten. Nach Vorstellung der wichtigsten Methoden zur Röntgenanalytik wurde die Einkristall-Strukturanalytik näher beleuchtet.

Hinweisen über Einsatzbereiche der Kristallstrukturanalyse folgten theoretische Hintergründe wie die verwendete Strahlung, deren Beugung am Kristallgitter sowie zur reziproken Betrachtungsweise bei Auswertung der Röntgenreflexe. Von gemessenen Reflexen werden die Strukturfaktoren berechnet, die mithilfe einer Strukturlösung normalerweise zu einem ersten, noch ungenauen Strukturmodell führen. In einer sich anschließenden Strukturverfeinerung werden Atompositionen und Auslenkungsparameter per Differenzfouriermethode bis zum endgültigen Molekül optimiert. Alle daraus gewonnenen Daten wie Koordinaten, thermische Parameter, kristallografische und geometrische Daten wurden detailliert erläutert. Auch verschiedene Gütekriterien, die es erlauben die Qualität einer Kristallstrukturanalyse einzuschätzen, wurden gezeigt.

Aufgrund seiner entscheidenden Bedeutung für das Verständnis zum Aufbau des Kristalls wurde dem Thema Symmetrie mit den Unterkapiteln Kristallgitter, Raumgruppen und Symmetrieelemente ein wichtiger Abschnitt eingeräumt.

Dieses so kurz wie möglich gehaltene Buch versteht sich als eine Einführung in die Kristallstrukturanalyse. Hiermit ist es möglich die von Spezialisten durchgeführte und die zumeist auch von diesen ausgearbeiteten Strukturanalysen zu verstehen, nachzuvollziehen und interpretieren zu können. Wenngleich hier schon eine nicht unerhebliche Menge Lehrstoff vermittelt wurde, der eine solide Grundlage darstellt, bietet sich für den interessierten Chemiker weiterführende Literatur an, um einige Punkte zu vertiefen und speziell zu Strukturfaktoren, Strukturlösung und Verfeinerung, Kristallfehlern oder Zwillingsbildung weitere Kenntnisse zu erlangen. Hierfür sei sowohl gute deutschsprachige (Massa 2011) als auch englischsprachige Literatur (Glusker und Trueblood 2010; Blake et al. 2009; Ooi 2010) empfohlen.

Lösungen zu den Fragen in Kapitel 2

3

1. Die Leistung einer Röntgenröhre, die mit 50 kV und 30 mA betrieben wird, errechnet sich folgendermaßen: Spannung $\times$ Stromstärke = elektrische Leistung

$$50.000 \, V \times 0{,}03 \, A = 1.500 \, W$$

2. Beim Auftreffen von Elektronen mit kinetischer Energie auf die Anode entsteht beim Abbremsen der Elektronen, neben einem kleinen Teil der gewünschten Röntgenstrahlung, auch sogenannte Bremsstrahlung, deren Energie als Wärmestrahlung primär in den Anodenmaterialien zu Erhitzung führt. Ohne eine äußerst effektive Kühlung würde das Material schmelzen.

3. Da die einen Kristall ungebeugt passierende Röntgenstrahlung um ein Vielfaches intensiver ist als gebeugte Strahlung, würde der Detektor durch sie „geblendet" werden und könnte in diesem und benachbarten Bereichen keine Röntgenreflexe, die durch gebeugte Strahlung entstanden sind anzeigen. In der Praxis verwendet man zum „Abfangen" der Hauptstrahlung einen sogenannten Hauptstrahlfänger, der aber durch Schattenbildung einen geringen „strahlungsblinden Bereich" am Detektor verursacht.

4. Die Netzebenen zweiter Beugungsordnung zur Netzebene *(322)* hätte den Index *(644)*, diejenigen der dritten Beugungsordnung würden *(966)* entsprechen.

5. Phenol hat die Summenformel $C_6H_6O_1$. Das sind insgesamt 13 Atome, aber nur 7 Nicht-Wasserstoffatome und 6 Wasserstoffatome. Für jedes Atom sind drei Ortskoordinaten zu berücksichtigen. Pro Nicht-Wasserstoffatom sind zusätzlich 6 anisotrope thermische Parameter relevant, bei Wasserstoffatomen kommt jeweils nur noch ein isotroper thermischer Parameter hinzu. Infolgedessen werden $13 \times 3 + 7 \times 6 + 6 \times 1 = 39 + 42 + 6 = 87$ Parameter verfeinert.

© Springer Fachmedien Wiesbaden GmbH, ein Teil von Springer Nature 2019
T. Oeser, *Kristallstrukturanalyse durch Röntgenbeugung,* essentials,
https://doi.org/10.1007/978-3-658-25439-1_3

Nicht vergessen darf man jedoch den Skalierungsfaktor, der genau einmal pro Verfeinerung zu berücksichtigen ist. Damit summiert sich die Anzahl der zu verfeinernden Variablen bei Phenol auf 88.

6. Dichte ist Masse pro Volumen. Hierbei entspricht die Masse der Molmasse aller Moleküle innerhalb der Elementarzelle. In Formelschreibweise wäre die Formel
$d = \frac{M \times Z}{V \times N_A}$. Löst man nach Z auf, entsteht die Formel $Z = \frac{d \times V \times N_A}{M}$.

7. Bedingung für systematische Auslöschung: hk0 mit $h + k = 2n$.

8. $6_3/m$ ist ein kombiniertes Symmetrieelement. Es wird eine sechszählige Schraubenachse mit einer Spiegelebene derart kombiniert, dass die Schraubenachse senkrecht zu der Spiegelebene steht. Dadurch wird zusätzlich ein Inversionszentrum generiert.

9. Nein.

10. Durch Spiegelung eines Motivs an einer Spiegelebene wird Z verdoppelt. Folglich ist $Z = 2$.

11. Durch die Flächenzentrierung findet eine Verdopplung statt und durch die Spiegelung wird nochmals verdoppelt. Z ist folglich 4.

12. Das Molekül muss inversionssymmetrisch aufgebaut sein und das molekulare Inversionszentrum muss sich exakt auf der Position eines Inversionszentrums der Raumgruppe befinden.

13. In P1 gibt es keine speziellen Lagen, da es in dieser Raumgruppe auch keine Symmetrieelemente gibt. In P2 kann eine spezielle Lage entstehen, wenn ein rotationssymmetrisches Molekül sich auf einer Drehachse der Raumgruppe befindet.
Eine Schraubenachse wie in $P2_1$ besteht aus einer Drehung plus einer Translation, was eine spezielle Lage ausschließt.

14. Ja. Wenn ein Molekül inversionssymmetrisch ist, dann entspricht das Inversionszentrum einer Kombination aus zweizähliger Drehachse und Spiegelebene, die senkrecht zueinanderstehen.

15. Der Wert von Z halbiert sich und beträgt dann im Normalfall 1.

16. Ja. Bei den Atomen des Moleküls, die exakt auf einer kristallografischen Spiegelebene liegen, reduziert sich die Anzahl der Variablen, da Parameter, die sich auf die Spiegelebene beziehen festliegen und nicht verfeinert werden.

Was Sie aus diesem *essential* mitnehmen können

Mit dem vorliegenden Kapitel haben wir eine Einführung in die Kristallstruktur-analyse erhalten. Nach Vorstellung der wichtigsten Methoden zur Röntgenana-lytik wurde die Einkristall-Strukturanalytik näher beleuchtet.

Hinweisen über Einsatzbereiche der Kristallstrukturanalyse folgten theoreti-sche Hintergründe über die verwendete Strahlung, deren Beugung am Kristallgitter sowie zur reziproken Betrachtungsweise bei Auswertung der Röntgenreflexe. Von gemessenen Reflexen werden die Strukturfaktoren berechnet, die mithilfe einer Strukturlösung normalerweise zu einem ersten, noch ungenauen Strukturmodell führen. In einer sich anschließenden Strukturverfeinerung werden Atompositionen und Auslenkungsparameter per Differenzfouriermethode bis zum endgültigen Molekül optimiert. Alle daraus gewonnenen Daten wie Koordinaten, thermische Parameter, kristallografische und geometrische Daten wurden detailliert erläutert. Auch verschiedene Gütekriterien, die es erlauben, die Qualität einer Kristall-strukturanalyse einzuschätzen, wurden gezeigt.

Aufgrund seiner entscheidenden Bedeutung für das Verständnis zum Aufbau des Kristalls wurde dem Thema Symmetrie mit den Unterkapiteln Kristallgitter, Raumgruppen und Symmetrieelemente ein wichtiger Abschnitt eingeräumt.

Dieses so kurz wie möglich gehaltene Buch versteht sich als eine Einführung in die Kristallstrukturanalyse. Hiermit ist es möglich, die von Spezialisten durch-geführte und die zumeist auch von diesen ausgearbeiteten Strukturanalysen zu verstehen, nachzuvollziehen und interpretieren zu können. Wenngleich hier schon eine nicht unerhebliche Menge Lehrstoff vermittelt wurde, der eine solide Grund-lage darstellt, bietet sich für den interessierten Chemiker weiterführende Literatur

an, um einige Punkte zu vertiefen und speziell zu Strukturfaktoren, Strukturlösung und Verfeinerung, Kristallfehlern oder Zwillingsbildung weitere Kenntnisse zu erlangen. Hierfür sei sowohl gute deutschsprachige (Massa 2015) als
auch englischsprachige Literatur (Glusker und Trueblood 2010; Blake et al. 2009;
Ooi 2010) empfohlen.

Literatur

Allen FH et al (1995) International tables for crystallography. Mathematical, physical and chemical tables, Bd C. The International Union of Crystallography by Kluwer Academic Publishers, S 685–791

Anthony JE (2006) Functionalized acenes and heteroacenes for organic electronics. Chem. Rev. 106:5028–5048

APEX3 (2015) Programm Xprep ist Teil des Programmpakets APEX3: Bruker AXS Inc. (2005–2015), 5465 East Cheryl Parkway, Madison, Wisconsin, USA, S 53711–5373

Blake AJ, Clegg W, Cole JM, Evans JSO, Main P, Parsons S, Watkin DJ (2009) Crystal structure analysis – principles and practice. 2. Aufl. Oxford University Press

Bragg WL (1912) The diffraction of short electromagnetic waves by a crystal. Proc. Camb. Phil. Soc 17:43–57

CCDC: Cambridge Crystallographic Data Centre, 12 Union Road, Cambridge, CB2 1EZ, United Kingdom, http://www.ccdc.cam.ac.uk

Corey RB, Pauling L (1951) The pleated sheet, a new layer configuration of polypeptide chain. Proc Natl Acad Sci USA 37:251–256

Crowfoot Hodgkin D (1935) X-Ray Single Crystal Photographs of Insulin. Nature 135(3415):591–592

Crowfoot D, Bunn CW, Rogers-Low BW, Turner-Jones A (1949) The X-Ray Crystallographic Investigation of the Structure of Penicillin. Princeton University Press, Princeton, S 310–366

Deisenhofer J, Epp O, Miki K, Huber R, Michel H (1985) Structure of the protein subunits in the photosynthetic reaction centre of *Rhodopseudomonas viridis* at 3Å resolution. Nature 318:618–624

Eanes ED, Donnay G (1959) Dimerization of trans-cinnamic to α-truxillic acid. Z. Kristallographie 111(1–6):368–371

Glusker JP, Trueblood KN (2010) Crystal Structure Analysis – A Primer. Oxford University Press, New York

Hodgkin DC, Pickworth J, Robertson JH, Prosen RJ, Sparks RA, Trueblood KN, Vos A (1959) The structure of vitamin B_{12}. II. The crystal structure of a hexacarbocyclic acid obtained by the degradation of vitamin B_{12}. Proc. Royal Soc. London A 251(1266):306–352

© Springer Fachmedien Wiesbaden GmbH, ein Teil von Springer Nature 2019
T. Oeser, *Kristallstrukturanalyse durch Röntgenbeugung,* essentials,
https://doi.org/10.1007/978-3-658-25439-1

ICSD: Inorganic Crystal Structure Database, FIZ Karlsruhe, Hermann-von-Helmholz-Platz 1, 76344 Eggenstein-Leopoldshafen, Germany. http://www2.fiz-karlsruhe.de

Incoatec IµS-Microfocus Strahlenquelle: Firma Incoatec GmbH, Max-Planck-Str. 2, 21502 Geesthacht, Germany. www.incoatec.de

Int. Tab 1996: International Tables for Crystallography, Volume A., *Space-Group Symmetry*, The International Union of Crystallography by Kluwer Academic Publishers, Springer Fachmedien, Wiesbaden (1996)

Irngartinger H, Weber A, Oeser T (1999a) Bestimmung der Elektronendichteverteilung in den Bindungen eines Fullerenderivats durch hochauflösende Röntgenstrukturanalyse. Angew. Chem. 111:1356–1358

Irngartinger H, Weber A, Oeser T (1999b) Determination of the Electron Density Distribution in the Bonds of a Fullerene Derivative by High-Resolution X-Ray Structure Analysis. Angew. Chem. Int. Ed. Engl. 38:1279–1281

Johnson LN, Phillips DC (1965) Structure of some crystalline lysozyme-inhibitor complexes determined by X-ray analysis at 6 Angstrom resolution. Nature 206(4986):761–763

Kendrew JC, Bodo G, Dintzis HM, Parrish RG, Wyckoff H, Phillips DC (1958) A Three-Dimensional Model of the Myoglobin Molecule obtained by X-Ray Analysis. Nature 181:662–666

Massa W (2015) Kristallstrukturbestimmung 8. Aufl. Springer Spektrum, Wiesbaden, ISBN-10: 3658094117

Mercury (2014): Grafiken erstellt mit Programm „Mercury CSD 3.3". Cambridge Crystallographic Data Centre, 12 Union Road, Cambridge CB2 1EZ, United Kingdom

Ooi LL (2010) Principles of X-Ray Crystallography. Oxford University Press, Oxford New York

ORTEP-3 for Windows 2014.1: Farrugia LJ (2012). J. Appl. Cryst, 45:849–854. (Based on ORTEP-III (v 1.0.3) by Johnson CK and Burnett MN.)

RCSB PDB: Rutgers, The State University of New Jersey, Center for Integrative Proteomics Research, 174 Freilinghuysen Rd, Piscataway, NJ 08854-8076. http://www.rcsb.org

Robertson JM (1936) An X-ray Study of the Phthalocyanines. Part II. Quantitative Structure Determination of the Metal-free Compound. J. Chem. Soc. 0:1195–1209

Röntgen WC (1898) On a new kind of rays. Annalen der Physik. 64:1, 12, 18

Spek AL (2009) A Multipurpose Crystallographic Tool, Utrecht University, Utrecht, The Netherlands. Acta Cryst. D65:148–155

Wilkins MHF, Stokes AR, Wilson HR (1953) Molecular Structure of Deoxypentose Nucleic Acids. Nature 171(4356): 738–740. (Watson, Crick, Wilkins, Nobel Preis 1962)

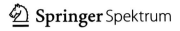

Printed in the United States
By Bookmasters